小一時間で ゲームを つくる

7つの定番ゲームのプログラミングを体験

ゲエム道館

技術評論社

本書の概要

本書は、コンピュータゲームの各ジャンルを代表する7本のゲームの作り方を、実際の開発手順に沿って解説します。プログラミング未経験者でも、手順どおりに進めれば必ず完成する構成になっています。言語仕様の解説はしませんが、最小限の工程ごとに動作確認を行うので、各命令文の役割が実感しやすいようになっています。

使用するアプリは統合開発環境「Visual Studio」のみで、特別なライブラリや既存のコードは一切使用せず、すべてを0から作成します。ただし、キーボードの入力処理にWindows固有の関数を使用するので、Windows専用のプログラムということになります。

本書で使用しているVisual Studioのバージョンは、無償版の「Community 2022」です。バージョンが違うと、プロジェクトの作成方法などが異なる場合があります。使用しているOSは「Windows 11」ですが、「Windows 10」でも動作確認済みです。

使用する言語は、「C言語」の上位互換の「C++」です。Java、C#、JavaScriptなど、ほかの言語はわかるがC++はわからない人でも理解しやすいように、できるだけC++独自の機能(ポインタなど)は使用せず、ほかの言語と共通または同等の機能を使用します。

作成するゲームのグラフィックスは、コンソール(ユーザーとコンピュータが文字列の入出力によって対話するウィンドウ)に出力するアスキーアートのみで再現します。これには「グラフィックスがある場合と比べて工数が減る」というメリットと、「アスキーアートだけでもゲームができてしまう!」というおもしろさがあります。

収録タイトル

　本書の収録タイトルは、人気のある定番ジャンルの中から、プログラミングやゲーム内容で重複のないよう、バラエティ豊かなラインナップをそろえました。難度やボリュームをもとに章を構成しているので、順番どおりに作成することを想定していますが、どれから始めても問題ありません。

第1章　王道RPGの戦闘シーン

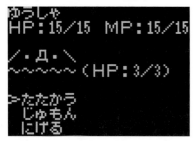

　テキストベースによるオーソドックスなRPGの戦闘シーンを作成します。回復呪文でHPを回復させながら、モンスターを倒します。

第2章　ライフゲーム

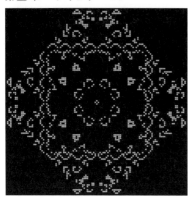

　生命の誕生・繁殖・淘汰(とうた)などを再現した、見て楽しむシミュレーションゲームです。単純なルールながら、複雑な変化をしていきます。作り方の解説だけでなく、幾何学的に変化していくおもしろいパターンの紹介もします。

第3章　リバーシ

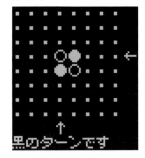

相手の石を自分の石で挟んで増やしていく、定番のボードゲームです。2人のプレイヤーによる対戦モードのほか、1人でも遊べるAIとの対戦モード、さらにAIどうしの対戦による観戦モードも追加します。

第4章　落ち物パズルゲーム

落ちてくるブロックを隙間なく詰めて、横のラインをそろえて消していく、落ち物パズルゲームです。

第5章　ドットイートゲーム

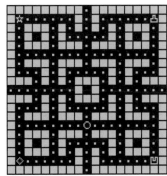

迷路の中に落ちているドットを食べ尽くすアクションゲームです。経路探索アルゴリズムなどを用いたAIによる、個性的な4種のモンスターを登場させ、プレイヤーを追い詰めます。

第6章 擬似3Dダンジョンゲーム

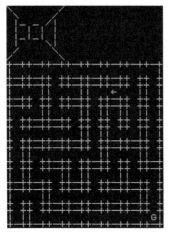

　ランダムな迷路を生成し、擬似3D視点で探検します。デバッグ機能として、生成された迷路を2Dマップで表示する機能も実装します。

第7章 戦国シミュレーションゲーム

　日本の戦国時代を舞台とした、戦略シミュレーションゲームです。戦争で領土を拡大し、天下統一を目指します。全国地図を背景とした戦略シーンと、攻城戦シーンを実装します。

Appendix **1** 三国志

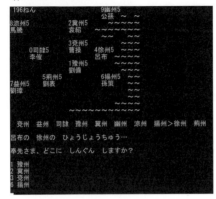

戦国時代を舞台とした第7章の
ゲームのデータを書き換えて、三
国志のゲームに改造します。

Appendix **2** RPG完全版

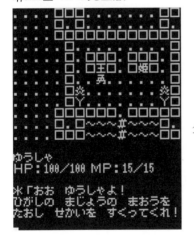

第1章のRPG戦闘シーンにフィール
ドシーンを追加し、シンプルながら完
全なRPGとして完成させます。

C++コンソールアプリの開発環境を
セットアップする

本書のゲームを開発するための、Visual Studio による C++ 開発環境をセットアップします。

Visual Studioをインストールする

Visual Studio を配布ページからダウンロードし、インストールします。

❶ Visual Studio の公式サイト（https://visualstudio.microsoft.com/ja/vs/）を開きます。

❷「Visual Studio Community」を、デスクトップなどわかりやすい場所にダウンロードします。

❸ ダウンロードしたインストーラーをダブルクリックし、インストールを開始します。

❹ インストール中に表示される［ワークロード］の選択画面では、［C++ によるデスクトップ開発］にチェックを入れます。

■［C++によるデスクトップ開発］にチェックを入れる

❺「Microsoft アカウント」の入力を求められるので、作成して入力します。

インストーラーが閉じたら完了です。これで、C++ の開発環境のセットアップが完了しました。

C++プロジェクトを作成する

　Visual Studioのプログラムは、「プロジェクト」という単位で管理されます。これには、プログラムを記述する「ソースファイル」などが含まれます。本書のゲームは、一部のプログラムを共有するなどということはなく、それぞれ完全に独立したプロジェクトとして作成します。

　それでは、Visual Studioで、C++によるコンソールアプリのプロジェクトを作成します。ここで作成するプロジェクトは、各章で作成するすべてのゲームで共通の、ベース部分となります。

❶ Visual Studioを起動し［Visual Studio］ダイアログボックスを開いたら、［新しいプロジェクトの作成］を選択します。

■ Visual Studioダイアログボックス

❷［新しいプロジェクトの作成］ダイアログボックスで、プロジェクトテンプレートの一覧から［空のプロジェクト］を選択し、［次へ］を選択します。

■［新しいプロジェクトの作成］ダイアログボックス

❸[新しいプロジェクトを構成します]ダイアログボックスで、[プロジェクト名]
と[場所]を設定し、[作成]を選択します。[場所]は、プロジェクトのファイ
ルが生成される場所です。デスクトップなど、わかりやすい場所に変更したほ
うがよいでしょう。

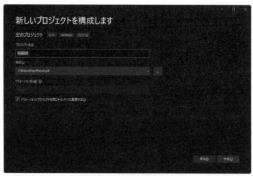

■[新しいプロジェクトを構成します]ダイアログボックス

　プロジェクトの作成が終了すると、[Visual Studio ウィンドウ]が表示さ
れます。これでC++プロジェクトができました。

■Visual Studio ウィンドウ

ソースファイルをプロジェクトに追加する

　プログラムを記述するソースファイルを、プロジェクトに追加します。

❶メインメニューで、[プロジェクト][新しい項目の追加]の順に選択して、[新

しい項目の追加]ダイアログボックスを開きます。

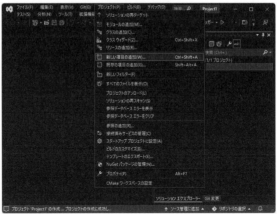

■［プロジェクト］メニュー

❷［C++ ファイル］を選択し［追加］ボタンを押すと、ソースファイルが追加され
ます。

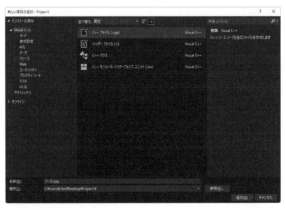

■［新しい項目の追加］ダイアログ ボックス

　ウィンドウの左に表示されているのがコードエディターです。プログラ
ムはここに記述します。右の「ソリューション エクスプローラー」は、複数
のソースファイルを切り替えるときなどに使用しますが、本書では1つの
プロジェクトにつき1つのソースファイルしか使用しないので、閉じてし
まっても問題ありません。

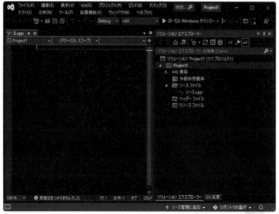

■コードエディター

これでC++アプリを開発する準備ができました。

C++プログラムの記述と、本書の読み進め方

文字列を表示するだけの「Hello world」プログラムを作成する

本書では、最低限の手順ごとに処理を分割し、それらを追加しながら動作確認を行う、という形式でプログラムを作成していきます。そこで、簡単なプログラム作成を交えて、本書をどのように読み進めながらプログラムを作成するのかを解説します。

まず、ソースファイルのどこに何を記述するかを、コメントとして記述しておきます。コメントはプログラムに影響しないので、自由に書き換えたり、省略したりすることも可能です。 [1] のあとにはヘッダーファイルのインクルードを記述し、 [2] のあとには関数の宣言を記述していきます。

```
// [1]ヘッダーをインクルードする場所

// [2]関数を宣言する場所
```

ソースファイルに、プログラムの実行開始点である main() 関数の宣言を記述します。本書では新しく追加するコードは明るくなっており、すで

に記述してあるコードは暗くなっています。 [2-1] とは、関数を宣言する場所 [2] に記述する、1 つめの関数ということです。

```
// [2]関数を宣言する場所

// [2-1]プログラムの実行開始点を宣言する
int main()
{
}
```

　プログラミング言語で記述されたソースファイルを実行可能ファイルに変換することを**ビルド**と言います。 F5 キーを押すとプログラムがビルドされ、エラーがなければプログラムのデバッグが開始されます。

■コンソールが表示される

　プログラムが実行されるとコンソールウィンドウが開き、プログラムの終了を知らせるメッセージが表示されます。しかし、プログラムが終了するたびに毎回このメッセージが表示されるのは煩わしいです。

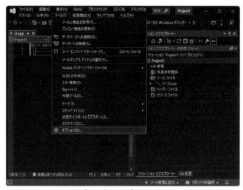

■メニューバーから[オプション]を選択

　表示されたメッセージに従い、メインメニューで[ツール][オプション]の順に選択して、オプションダイアログボックスを開きます。

[デバッグ][デバッグの停止時に自動的にコンソールを閉じる]にチェックを入れます。

■オプションダイアログボックス

　実行して終了すると、今度は終了時のメッセージが表示されずに、コンソールが自動で閉じるようになります。

　次に、プログラムがすぐに終了しないように、メインループを追加します。これは、プログラムが終了するまで繰り返す無限ループです。[2-1-3] は、[2-1] の main() 関数に記述する 3 つめのコードです。これは、このあとでこの上の行に2つのコードが追加されるということです。

```
// [2-1]プログラムの実行開始点を宣言する
int main()
{
    // [2-1-3]メインループ
    while(1)
    {
    }
}
```

実行すると、今度はプログラムが続行するようになります。

■ウィンドウが表示され続ける

　文字列を表示するために、<stdio.h>をインクルードします。

```
// [1]ヘッダーをインクルードする場所

#include <stdio.h>  // [1-1]標準入出力ヘッダーをインクルードする
```

「Hello world」をいう文字列を出力します。「Hello world」とは、「Hello world」という文字列を表示するだけのプログラムの通称です。C言語以外のあらゆる言語でも、最初に作成する最も単純なプログラムとして有名です。本書もそれに倣って、「Hello world」から始めます。

メインループに入る前に、「Hello world」という文字列を `printf()` 関数で出力します。 `...` とは、この部分にあるすでに記述されたコードの表記を省略する、という意味です。

```cpp
// [2-1]プログラムの実行開始点を宣言する
int main()
{
    printf("Hello world");      // [2-1-1]半角文字列を表示する

    ...
}
```

実行すると、コンソールに「Hello world」の文字列が表示されます。

■文字列が表示される

メッセージを全角アルファベットで表示する

本書では、基本的に全角文字によるアスキーアートでゲーム画面を構成します。今度は、全角文字で「ＨＥＬＬＯ　ＷＯＲＬＤ」と出力します。ひらがな入力モードでアルファベットを入力中に、 F9 キーで、全角アルファベットに変換できます。

```cpp
// [2-1]プログラムの実行開始点を宣言する
int main()
{
    printf("Hello world");          // [2-1-1]半角文字列を表示する
    printf("ＨＥＬＬＯ　ＷＯＲＬＤ"); // [2-1-2]全角文字列を表示する

    ...
}
```

実行すると、今度は「ＨＥＬＬＯ　ＷＯＲＬＤ」という文字列も表示されます。しかし、連続で表示してしまうと見づらいです。

■全角文字列が表示される

そこで、各文字列の最後に改行コード ¥n を追加します。

```
printf("Hello world¥n");          // [2-1-1]半角文字列を表示する
printf("ＨＥＬＬＯ　ＷＯＲＬＤ¥n"); // [2-1-2]全角文字列を表示する
```

実行すると、今度は改行されて見やすくなります。

■各行が改行される

　上の半角文字のほうは消してしまってもよいのですが、あとでまた表示したくなることがあるかもしれません。そこで、コードは残したまま実行されないようにします。半角文字列を表示する行の最初に // を追加して、コメントアウトします。

```
// [2-1]プログラムの実行開始点を宣言する
int main()
{
//    printf("Hello world¥n");    // [2-1-1]半角文字列を表示する
    ...
}
```

実行すると、今度は半角の文字列は消えて、全角の文字列だけが表示されます。

■半角文字列がコメントアウトされる

おめでとうございます！これで初めてのプログラムが完成しました。まだ文字列を表示しただけですが、0から確かな一歩を踏み出しました。

ゲームに合った画面のレイアウトを設定する

本書でこのあと作成するゲームは、ゲーム画面が大きくなるよう、各章ごとに個別の設定を行います注1。それではこのプログラムも画面が大きくなるように、コンソールの設定を行います。

実行中のコンソールのタイトルバーを右クリックし、[プロパティ]を選択して、プロパティダイアログボックスを開きます。

[フォント]タブに切り替えると、文字のサイズとフォントを選択できます。[サイズ]を「72」、[フォント]を「MS ゴシック」に設定します。

■プロパティダイアログボックスの[フォント]タブ

注1　本書で紹介する設定は、フルHD（1920 × 1080）向けです。ご使用のディスプレイの解像度に合わせて調整してください。

[レイアウト]タブで、画面のサイズを文字単位で設定できます。[画面バッファーのサイズ]と[ウィンドウのサイズ]の[幅]を24、[高さ]を2に設定して、[OK]を選択します。

■プロパティダイアログ ボックスの[レイアウト]タブ

HELLO WORLD

設定が終了すると、コンソールのレイアウトが変更されます。これで、プログラムの表示内容に合ったコンソールの設定ができました。

■コンソールの設定が適用される

レトロゲーム調の「美咲フォント」を利用する

本書のプログラムの実行画面では、レトロゲームの雰囲気を出すために、8x8ドットのフォント「美咲フォント」を利用します。ゲーム画面がレトロゲームらしくなりますが、文字のドットが粗く読みづらくなるというデメリットもあります。なお、このフォントを導入しなくても、「アスキーアートが崩れる」などの影響はありません。

「美咲フォント」をインストールする

「美咲フォント」を配布ページからダウンロードし、インストールします。

❶「8×8ドット日本語フォント「美咲フォント」」(https://littlelimit.net/misaki.htm)のページにアクセスします。

❷[ダウンロード]から[TrueType形式(アウトライン)](本書ではバージョン2021-05-05を使用しています)をダウンロードします。

❸ ダウンロードした misaki_ttf_****-**-**.zip を、任意のフォルダに展開します。

❹ 展開した misaki_gothic_2nd.ttf をダブルクリックすると、フォントウィンドウが開きます。

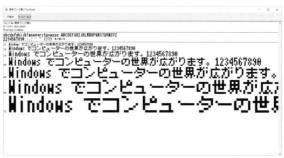

■フォントウィンドウ

❺ [インストール]を選択すると、フォントがインストールされます。

「美咲フォント」をコンソールに適用する

「美咲フォント」を、コンソールに出力する文字のフォントとして設定します。

❶ フォントを適用したいコンソールを開きます。

❷ タイトルバーを右クリックし、[プロパティ]を選択すると、プロパティダイアログボックスが開きます。

❸ [フォント]タブをクリックし、フォントの一覧から[美咲ゴシック第2]を選択します。

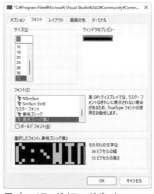

■プロパティダイアログボックス

❹ [OK]を選択すると、コンソールのフォントが美咲フォントになります。

HELLO WORLD

これで「美咲フォント」の導入
ができました。

■美咲フォントの設定

　ここまでで、本書の全章共通のプログラムのベース部分となる C++ プロジェクトの作成と、コンソールへの文字列の出力ができました。これで準備は整いました。それでは、次章から始まるゲームプログラミングの冒険の旅に出て、難しいクエストも一つずつクリアしていき、未知の世界を征服していきましょう！

サンプルコードのダウンロード

　本書で開発しているゲームのサンプルコードは、以下の本書サポートページからダウンロードできます。

https://gihyo.jp/book/2022/978-4-297-12745-9

目次 ■ 小一時間でゲームをつくる──7つの定番ゲームのプログラミングを体験

第 **1** 章
王道RPGの
戦闘シーンを作成する
コマンド選択とメッセージ表示によるターン制バトル

第**2**章
ライフゲームを作成する
単純なルールから生成される、複雑な生命シミュレーション 37

ライフゲーム
──単純なルールから展開される、複雑な生命シミュレーション 38

第**3**章

リバーシを作成する

第 **4** 章

落ち物パズルゲームを作成する

第 **5** 章
ドットイートゲームを作成する

第6章
擬似3Dダンジョンゲームを作成する

第 **7** 章
戦国シミュレーションゲームを 作成する

Appendix 1

戦国シミュレーションゲームを三国志に改造する

戦国シミュレーションゲームのデータを書き換えて、三国志のゲームに改造する

Appendix **2**
王道RPG 完全版

戦闘シーンにフィールドシーンを追加して、
完全なRPGに仕上げよう！ 339

王道RPGの戦闘シーンを作成する

コマンド選択とメッセージ表示によるターン制バトル

テキストベースで進行するRPGの戦闘シーン

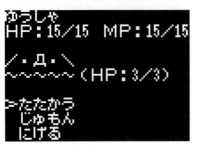

■本章のゲームの画面

　本章では、テキストベースで進行するRPGの戦闘シーンを作成します。プレイヤーのコマンドを選択し、プレイヤーと敵が交互に行動するまでを1ターンとして、それを決着が付くまで繰り返します。

　この戦闘システムは、ビデオゲーム黎明期の1981年に登場した海外のPCゲーム『ウィザードリィ』から始まり、1986年にファミリーコンピュータ用に発売されたRPG『ドラゴンクエスト』に採用され、それが爆発的にヒットしたことにより、国内で定着しました。

　RPGで最も盛り上がる場面と言えば、ラスボスとのラストバトルでしょう。ラスボスとの戦闘は、HPを回復しながらの長期戦が基本です。本章のゲームでは、このラスボス戦が成立する最低限の仕様として、回復呪文を実装します。

プログラムの基本構造を作成する

プログラムのベース部分を作成する

　最初に、ソースファイルのどこに何を記述するかを、コメントとして記述しておきます。

```
// [1]ヘッダーをインクルードする場所

// [2]定数を定義する場所

// [3]列挙定数を定義する場所

// [4]構造体を宣言する場所

// [5]変数を宣言する場所

// [6]関数を宣言する場所
```

プログラムの実行開始点である `main()` 関数を宣言します。

```
// [6]関数を宣言する場所

// [6-6]プログラムの実行開始点を宣言する
int main()
{
}
```

実行すると、ウィンドウが一瞬表示されて終了してしまいます。

次に、戦闘シーンの処理を記述する関数 `Battle` を宣言します。

```
// [6]関数を宣言する場所

// [6-4]戦闘シーンの関数を宣言する
void Battle()
{
}
...
```

`main()` 関数から、戦闘シーンの関数 `Battle` を呼び出します。

```
// [6-6]プログラムの実行開始点を宣言する
int main()
{
    // [6-6-3]戦闘シーンの関数を呼び出す
    Battle();
}
```

これで、ゲームが開始されると戦闘シーンの関数が呼び出されます。

次に、コンソールがすぐに閉じてしまわないように、キーボード入力待ち状態にします。まずその処理に必要な、コンソール入出力ヘッダー<conio.h>をインクルードします。

```
// [1]ヘッダーをインクルードする場所

#include <conio.h> // [1-5]コンソール入出力ヘッダーをインクルードする
```

戦闘シーンの関数 `Battle` で、キーボード入力待ち状態にします。

```
// [6-4]戦闘シーンの関数を宣言する
void Battle()
{
    // [6-4-6]キーボード入力を待つ
    _getch();
}
```

実行するとキーボード入力待ち状態になり、コンソールが表示され続けます。キーボードを押すと、キーボード入力待ち状態が終了し、プログラムも終了します。

■コンソールが表示され続ける

コンソールの設定

コンソールのプロパティは、フォントのサイズを72、画面バッファーとウィンドウの幅を32、高さを10に設定します。

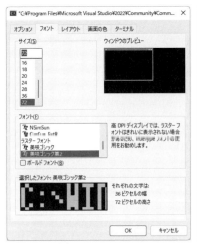

■フォントの設定

■レイアウトの設定

キャラクターのステータスを表示する

最初に、画面の上のほうにプレイヤーのステータスを表示します。

プレイヤーのステータスを作成する

キャラクターのデータを保持する構造体 CHARACTER を宣言します。メンバー変数の hp はHP、maxHp はHPの最大値、mp はMP、maxMp はMPの最大

値、name はキャラクターの名前です。文字列の配列 name の「4 * 2 + 1」という サイズは、「(4文字)×(全角文字の2バイト)＋(文字列終了コード1バイト)」ということです。

```
// [4]構造体を宣言する場所

// [4-1]キャラクターの構造体を宣言する
typedef struct {
    int hp;              // [4-1-1]HP
    int maxHp;           // [4-1-2]最大HP
    int mp;              // [4-1-3]MP
    int maxMp;           // [4-1-4]最大MP
    char name[4 * 2 + 1]; // [4-1-6]名前
}CHARACTER;
```

　モンスターの種類を定義します。プレイヤーにもモンスターと同様のステータスがあるので、モンスターの一種として管理します。

```
// [3]列挙定数を定義する場所

// [3-1]モンスターの種類を定義する
enum
{
    MONSTER_PLAYER, // [3-1-1]プレイヤー
    MONSTER_MAX     // [3-1-4]モンスターの種類の数
};
```

　モンスターの初期データを保持する配列 monsters を宣言し、プレイヤーの初期ステータスを設定します。

```
// [5]変数を宣言する場所

// [5-1]モンスターのステータスの配列を宣言する
CHARACTER monsters[MONSTER_MAX] =
{
    // [5-1-1]MONSTER_PLAYER      プレイヤー
    {
        15,         // [5-1-2]int hp                HP
        15,         // [5-1-3]int maxHp             最大HP
        15,         // [5-1-4]int mp                MP
        15,         // [5-1-5]int maxMp             最大MP
        "ゆうしゃ", // [5-1-7]char name[4 * 2 + 1]  名前
    },
};
```

　戦闘に登場するキャラクターの種類を定義します。

```
// [3]列挙定数を定義する場所
...

// [3-2]キャラクターの種類を定義する
enum
{
    CHARACTER_PLAYER,     // [3-2-1]プレイヤー
    CHARACTER_MONSTER,    // [3-2-2]モンスター
    CHARACTER_MAX         // [3-2-3]キャラクターの種類の数
};
```

キャラクターのデータを保持する配列 `characters` を宣言します。

```
// [5]変数を宣言する場所
...

// [5-2]キャラクターの配列を宣言する
CHARACTER characters[CHARACTER_MAX];
```

プレイヤーのステータスを初期化する

プレイヤーのデータを初期化するために、ゲームを初期化する処理を記述する関数 `Init` を宣言します。

```
// [6]関数を宣言する場所

// [6-1]ゲームを初期化する関数を宣言する
void Init()
{
}

...
```

ゲームを初期化する関数 `Init` を、`main()` 関数から呼び出します。

```
// [6-6]プログラムの実行開始点を宣言する
int main()
{
    // [6-6-2]ゲームを初期化する関数を呼び出す
    Init();

    ...
}
```

これで、ゲームが起動したらゲームを初期化する関数 `Init` が呼び出されるようになります。

次に、ゲームを初期化する関数 `Init` で、プレイヤーのステータスを初

期化します。

```
// [6-1]ゲームを初期化する関数を宣言する
void Init()
{
    // [6-1-1]プレイヤーのステータスを初期化する
    characters[CHARACTER_PLAYER] = monsters[MONSTER_PLAYER];
}
```

これで、ゲームが起動するとプレイヤーの初期ステータスが設定されます。

プレイヤーのステータスを表示する

プレイヤーのステータスを表示します。ステータスが変化するごとに再描画が必要になるので、基本部分を描画する処理を関数にしておきます。戦闘シーンの画面の基本的な部分を描画する関数 DrawBattleScreen を宣言します。

```
// [6]関数を宣言する場所
...

// [6-2]戦闘シーンの画面を描画する関数を宣言する
void DrawBattleScreen()
{
}
...
```

戦闘シーンの関数 Battle から、画面の基本部分を描画する関数 DrawBattleScreen を呼び出します。

```
// [6-4]戦闘シーンの関数を宣言する
void Battle()
{
    // [6-4-4]戦闘シーンの画面を描画する関数を呼び出す
    DrawBattleScreen();

    ...
}
```

文字列を表示するために、標準入出力ヘッダー<stdio.h>をインクルードします。

```
// [1]ヘッダーをインクルードする場所

#include <stdio.h>  // [1-1]標準入出力ヘッダーをインクルードする
#include <conio.h>  // [1-5]コンソール入出力ヘッダーをインクルードする
```

基本部分を描画する関数 `DrawBattleScreen` で、プレイヤーの名前を表示します。

```
// [6-2]戦闘シーンの画面を描画する関数を宣言する
void DrawBattleScreen()
{
    // [6-2-2]プレイヤーの名前を表示する
    printf("%s¥n",characters[CHARACTER_PLAYER].name);
}
```

実行すると、プレイヤーの名前が表示されます。

■プレイヤーの名前が表示される

次に、プレイヤーのステータスも表示します。

```
// [6-2]戦闘シーンの画面を描画する関数を宣言する
void DrawBattleScreen()
{
    ...

    // [6-2-3]プレイヤーのステータスを表示する
    printf("HP ; %d/%d   MP : %d/%d¥n",
        characters[CHARACTER_PLAYER].hp,
        characters[CHARACTER_PLAYER].maxHp,
        characters[CHARACTER_PLAYER].mp,
        characters[CHARACTER_PLAYER].maxMp);
}
```

実行すると、プレイヤーのステータスも表示されます。

■プレイヤーのステータスも表示される

最後に、次の表示に備えて1行空けておきます。

```
// [6-2]戦闘シーンの画面を描画する関数を宣言する
void DrawBattleScreen()
{
    ...

    // [6-2-4]1行空ける
    printf("¥n");
}
```

モンスターのステータスを作成する

モンスターの種類として、雑魚モンスターのスライム MONSTER_SLIME を
追加します。

```
// [3-1]モンスターの種類を定義する
enum
{
    MONSTER_PLAYER, // [3-1-1]プレイヤー
    MONSTER_SLIME,  // [3-1-2]スライム
    MONSTER_MAX     // [3-1-4]モンスターの種類の数
};
```

スライムのステータスを設定します。

```
// [5-1]モンスターのステータスの配列を宣言する
CHARACTER monsters[MONSTER_MAX] =
{
    ...

    // [5-1-8]MONSTER_SLIME スライム
    {
        3,          // [5-1-9]int hp            HP
        3,          // [5-1-10]int maxHp        最大HP
        0,          // [5-1-11]int mp           MP
        0,          // [5-1-12]int maxMp        最大MP
        "スライム", // [5-1-14]char name[4 * 2 + 1] 名前
    },
};
```

キャラクターの構造体 CHARACTER に、アスキーアートを保持するメンバ
ー変数 aa を追加します。

```
// [4-1]キャラクターの構造体を宣言する
typedef struct {
    ...
    char aa[256];   // [4-1-7]アスキーアート
}CHARACTER;
```

スライムのデータに、アスキーアートを設定します。「Д」はキリル文字
で「デー」と読みます。

```
// [5-1-8]MONSTER_SLIME スライム
{
    ...

    // [5-1-15]char aa[256] アスキーアート
    "／・Д・＼¥n"
    "～～～～"
```

```
    },
```

これでスライムのデータができました。

モンスターのステータスを初期化する

戦闘シーンの関数 Battle を呼び出すときに、モンスターの種類を指定できるようにします。そこで、関数 Battle の引数に、モンスターを指定する引数 _monster を追加します。

```
// [6-4]戦闘シーンの関数を宣言する
void Battle(int _monster)
{
    ...
}
```

戦闘シーンの関数 Battle を呼び出すときに、スライム MONSTER_SLIME を設定します。

```
// [6-6]プログラムの実行開始点を宣言する
int main()
{
    ...

    // [6-6-3]戦闘シーンの関数を呼び出す
    Battle(MONSTER_SLIME);
}
```

戦闘シーンの関数 Battle に入ったら、モンスターのデータに指定されたモンスターのデータをコピーします。

```
// [6-4]戦闘シーンの関数を宣言する
void Battle(int _monster)
{
    // [6-4-1]モンスターのステータスを初期化する
    characters[CHARACTER_MONSTER] = monsters[_monster];

    ...
}
```

これで、戦闘が開始するときに指定したモンスターのデータが設定されます。

モンスターを表示する

基本部分を描画する関数で、モンスターのアスキーアートを描画します。

```
// [6-2]戦闘シーンの画面を描画する関数を宣言する
void DrawBattleScreen()
{
    ...

    // [6-2-5]モンスターのアスキーアートを描画する
    printf("%s", characters[CHARACTER_MONSTER].aa);
}
```

実行すると、モンスターのアスキーアートが表示されます。

■モンスターのアスキーアートが表示される

デバッグのために、モンスターの横にHPを表示します。

```
// [6-2]戦闘シーンの画面を描画する関数を宣言する
void DrawBattleScreen()
{
    ...

    // [6-2-6]モンスターのHPを表示する
    printf("（HP：%d／%d）\n",
        characters[CHARACTER_MONSTER].hp,
        characters[CHARACTER_MONSTER].maxHp);
}
```

実行すると、モンスターの右にHPが表示されます。

■モンスターのHPも表示される

これでモンスターの表示ができました。最後に、メッセージの表示に備えて、1行空けておきます。

```
// [6-2]戦闘シーンの画面を描画する関数を宣言する
void DrawBattleScreen()
{
    ...

    // [6-2-7]1行空ける
    printf("\n");
}
```

戦闘の流れを作成する

プレイヤーとモンスターが交互に攻撃し合う、戦闘の基本的な流れを作成します。

戦闘開始のメッセージを表示する

戦闘シーンの関数の最初に、モンスターと遭遇したメッセージを表示します。

```
// [6-4]戦闘シーンの関数を宣言する
void Battle(int _monster)
{
    ...

    // [6-4-5]戦闘シーンの最初のメッセージを表示する
    printf("%sが　あらわれた！¥n", characters[CHARACTER_MONSTER].name);

    ...
}
```

実行すると、モンスターと遭遇したメッセージが表示されます。

■戦闘の最初のメッセージが表示される

コマンドのデータを作成する

戦闘でプレイヤーとモンスターが選択し得るコマンドの種類を定義します。

```
// [3]列挙定数を定義する場所
...

// [3-3]コマンドの種類を定義する
enum
{
    COMMAND_FIGHT,    // [3-3-1]戦う
    COMMAND_SPELL,    // [3-3-2]呪文
    COMMAND_RUN,      // [3-3-3]逃げる
    COMMAND_MAX       // [3-3-4]コマンドの種類の数
};
```

キャラクターの構造体 CHARACTER に、現在選択中のコマンドを保持する
メンバー変数 command を追加します。

```
// [4-1]キャラクターの構造体を宣言する
typedef struct {
    ...
    int command;    // [4-1-8]コマンド
}CHARACTER;
```

各キャラクターに攻撃をさせる

戦闘シーンの関数 Battle で、戦闘が終了するまで無限ループに入ります。

```
// [6-4]戦闘シーンの関数を宣言する
void Battle(int _monster)
{
    ...

    // [6-4-7]戦闘が終了するまでループする
    while (1)
    {
    }
}
```

戦闘シーンのループの中で、プレイヤーとモンスターを反復します。

```
// [6-4-7]戦闘が終了するまでループする
while (1)
{
    // [6-4-9]各キャラクターを反復する
    for (int i = 0; i < CHARACTER_MAX; i++)
    {
    }
}
```

各キャラクターがどのコマンドを選択しているかで、処理を分岐させます。

```
// [6-4-9]各キャラクターを反復する
for (int i = 0; i < CHARACTER_MAX; i++)
{
    // [6-4-11]選択されたコマンドで分岐する
    switch (characters[i].command)
    {
    case COMMAND_FIGHT: // [6-4-12]戦う
        break;

    case COMMAND_SPELL: // [6-4-22]呪文
        break;
```

```
    case COMMAND_RUN:    // [6-4-35]逃げる
        break;
    }
}
```

　現状ではキャラクターデータがクリアされた状態なので、コマンドは0
番目の「戦う」コマンドが選ばれています。「戦う」コマンドが選ばれていれ
ば攻撃をするメッセージを表示して、キーボード入力待ち状態にします。

```
// [6-4-11]選択されたコマンドで分岐する
switch (characters[i].command)
{
case COMMAND_FIGHT: // [6-4-12]戦う

    // [6-4-13]攻撃をするメッセージを表示する
    printf("%sの　こうげき！¥n", characters[i].name);

    // [6-4-14]キーボード入力を待つ
    _getch();

    break;

...
}
```

■攻撃のメッセージが表示される

　実行すると攻撃のメッセージが表
示されますが、最初のエンカウント
メッセージが残ったままです。

　このメッセージを消すために、行動するキャラクターが切り替わるごと
に画面を再描画します。

```
// [6-4-9]各キャラクターを反復する
for (int i = 0; i < CHARACTER_MAX; i++)
{
    // [6-4-10]戦闘シーンの画面を描画する関数を呼び出す
    DrawBattleScreen();

    ...
}
```

　実行すると、画面が連続で表示されて乱れてしまいます。そこで、画面をクリアするために、標準ライブラリヘッダー<stdlib.h>をインクルードします。

```
// [1]ヘッダーをインクルードする場所

#include <stdio.h>  // [1-1]標準入出力ヘッダーをインクルードする
#include <stdlib.h>  // [1-2]標準ライブラリヘッダーをインクルードする
#include <conio.h>  // [1-5]コンソール入出力ヘッダーをインクルードする
```

　戦闘シーンの画面を描画する関数 DrawBattleScreen の最初で、画面をクリアします。

```
// [6-2]戦闘シーンの画面を描画する関数を宣言する
void DrawBattleScreen()
{
    // [6-2-1]画面をクリアする
    system("cls");

    ...
}
```

■エンカウントメッセージが表示されなくなる

　実行すると、今度は攻撃のメッセージのみが表示されます。キーボード入力で進めると、プレイヤーとモンスターが交互に攻撃コマンドを実行します。これで、プレイヤーとモンスターが交互に行動するという戦闘シーンの基本的なループができました。

コマンド選択インターフェイスを作成する

　プレイヤーのコマンドを選択するインターフェイスを作成します。

コマンドを選択する処理を呼び出す

　プレイヤーのコマンドを選択する関数 SelectCommand を宣言します。

```
// [6]関数を宣言する場所
...

// [6-3]コマンドを選択する関数を宣言する
```

```
void SelectCommand()
{
}

...
```

　戦闘のループから、コマンドを選択する関数 SelectCommand を呼び出します。

```
// [6-4-7]戦闘が終了するまでループする
while (1)
{
    // [6-4-8]コマンドを選択する関数を呼び出す
    SelectCommand();

    ...
}
```

　これで、各キャラクターが行動する前に、コマンドを選択する関数 SelectCommand が呼び出されるようになります。

コマンドの一覧を表示する

　コマンドの一覧に表示する、コマンドの名前の配列 commandNames を宣言します。

```
// [5]変数を宣言する場所
...

// [5-3]コマンドの名前を宣言する
char commandNames[COMMAND_MAX][4 * 2 + 1] = {
    "たたかう", // [5-3-1]COMMAND_FIGHT 戦う
    "じゅもん", // [5-3-2]COMMAND_SPELL 呪文
    "にげる"    // [5-3-3]COMMAND_RUN    逃げる
};
```

　コマンドを選択する関数 SelectCommand では、コマンドが決定されるまで無限ループに入ります。

```
// [6-3]コマンドを選択する関数を宣言する
void SelectCommand()
{
    // [6-3-2]コマンドが決定されるまでループする
    while (1)
    {
    }
}
```

コマンド選択ループの中で、コマンドの一覧を表示します。

```
// [6-3-2]コマンドが決定されるまでループする
while (1)
{
    // [6-3-4]コマンドの一覧を表示する
    for (int i = 0; i < COMMAND_MAX; i++)
    {
        // [6-3-9]コマンドの名前を表示する
        printf("%s\n",commandNames[i]);
    }
}
```

実行するとコマンドの一覧が大量に表示されて、画面が乱れてしまいます。そこで、コマンドの一覧を表示したら、キーボード入力待ち状態にします。

```
// [6-3-2]コマンドが決定されるまでループする
while (1)
{
    ...

    // [6-3-10]入力されたキーによって分岐する
    switch (_getch())
    {
    }
}
```

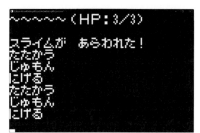
■コマンドの一覧が表示される

実行するとコマンドが大量に表示されるのが止まりますが、コマンドを表示する前のメッセージが残ってしまっています。また、キーボードを押して進めると、コマンドが連続で表示されてしまいます。

それでは、コマンドの一覧を描画する前に画面を再描画します。

```
// [6-3-2]コマンドが決定されるまでループする
while (1)
{
    // [6-3-3]戦闘画面を描画する関数を呼び出す
    DrawBattleScreen();

    ...
}
```

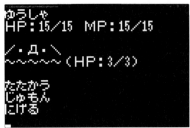

実行すると、今度はキーを押して
もコマンドが連続で表示されなくな
ります。これでコマンドの一覧表示
ができました。

■コマンドが連続で表示されなくなる

コマンドを選択するカーソルを追加する

コマンドを選択するのに使用するカーソルを追加します。

カーソルを描画する

コマンドを一覧表示する処理で、プレイヤーの選択中のコマンドを描画
する前に、カーソルを描画します。

```
// [6-3-4]コマンドの一覧を表示する
for (int i = 0; i < COMMAND_MAX; i++)
{
    // [6-3-5]選択中のコマンドなら
    if (i == characters[CHARACTER_PLAYER].command)
    {
        // [6-3-6]カーソルを描画する
        printf(">");
    }

    ...

}
```

実行すると、プレイヤーがデフォル
トで選択している「戦う」コマンド
の左に、カーソルが表示されます。
しかし、これではコマンドの表示が
ずれてしまいます。

■選択されたコマンドにカーソルが表示される

選択されていないコマンドの左に、全角スペースを表示します。

```
// [6-3-4]コマンドの一覧を表示する
for (int i = 0; i < COMMAND_MAX; i++)
{
    // [6-3-5]選択中のコマンドなら
    if (i == characters[CHARACTER_PLAYER].command)
    {
        ...
    }
    // [6-3-7]選択中のコマンドでなければ
    else
    {
        // [6-3-8]全角スペースを描画する
        printf("　");
    }
    ...
}
```

実行すると、選択されていないコマンドの左に全角スペースが表示され、選択中とそうでないコマンドの名前の表示がそろいます。

■選択されていないコマンドにスペースが表示される

カーソルをキーボード入力で操作する

Ｗ Ｓ キーで、コマンドの選択を切り替えるようにします。

```
// [6-3-10]入力されたキーによって分岐する
switch (_getch())
{
case 'w':    // [6-3-11]wキーが押されたら

    // [6-3-12]上のコマンドに切り替える
    characters[CHARACTER_PLAYER].command--;

    break;

case 's':    // [6-3-13]sキーが押されたら
```

```
// [6-3-14]下のコマンドに切り替える
characters[CHARACTER_PLAYER].command++;

    break;
}
```

実行するとコマンドを選択できる
ようになりますが、範囲外を選択で
きて、カーソルが消えてしまいます。

■カーソルが移動する

　カーソルが選択可能な範囲内をループ移動するように、コマンドの選択
値を補正します。コマンドの選択値が範囲外になってしまうのは、最小値
(0)未満になってしまうか、最大値(COMMAND_MAX)を超えてしまう場合で
す。最大値を超えてしまう場合は、選択値を最大値で割った余りにする(%
COMMAND_MAX)と、範囲内をループした値になります。

```
// [6-3-2]コマンドが決定されるまでループする
while (1)
{
    ...

    // [6-3-17]カーソルを上下にループさせる
    characters[CHARACTER_PLAYER].command =
        characters[CHARACTER_PLAYER].command % COMMAND_MAX;
}
```

　しかしこれでは、選択値が最小値未満(負の値)になってしまった場合に
は対応できません。そこで、選択値に最大値を足しておくと、選択値が最
小値未満でも範囲内をループした値になります。

```
// [6-3-17]カーソルを上下にループさせる
characters[CHARACTER_PLAYER].command =
    (COMMAND_MAX + characters[CHARACTER_PLAYER].command) % COMMAND_MAX;
```

　実行すると、カーソルが上下の範囲外に移動しようとしても、範囲内を
ループ移動するようになります。これでコマンドを選択するカーソルがで
きました。

選択したコマンドを決定する

　カーソルの移動以外のキーが押されたら、コマンドを決定します。コマンドが決定されたら、コマンドを選択する関数 `SelectCommand` を抜けます。

```
// [6-3-10]入力されたキーによって分岐する
switch (_getch())
{
...

default:    // [6-3-15]上記以外のキーが押されたら
    return; // [6-3-16]関数を抜ける
}
```

　これで、コマンドを選択する処理ができました。

戦うコマンドを実装する

　「戦う」コマンドで敵を攻撃する処理を実装します。キャラクターは敵味方関係なく配列になっているので、「戦う」コマンドを実行するには、攻撃対象のキャラクター番号が必要です。そこでキャラクターの構造体 `CHARACTER` に、攻撃対象を保持するメンバー変数 `target` を追加します。

攻撃対象を設定する

　まず、キャラクターの構造体 `CHARACTER` に、攻撃対象のキャラクターの番号を保持するメンバー変数 `target` を追加します。

```
// [4-1]キャラクターの構造体を宣言する
typedef struct {
    ...
    int target; // [4-1-9]攻撃対象
}CHARACTER;
```

　戦闘が始まったら、プレイヤーの攻撃対象をモンスター `CHARACTER_MONSTER` に、モンスターの攻撃対象をプレイヤー `CHARACTER_PLAYER` に設定します。

```
// [6-4]戦闘シーンの関数を宣言する
void Battle(int _monster)
{
    ...
```

```
    // [6-4-2]プレイヤーの攻撃対象をモンスターに設定する
    characters[CHARACTER_PLAYER].target = CHARACTER_MONSTER;

    // [6-4-3]モンスターの攻撃対象をプレイヤーに設定する
    characters[CHARACTER_MONSTER].target = CHARACTER_PLAYER;

    ...
}
```

これで各キャラクターの攻撃対象の設定ができました。

相手に与えるダメージを計算する

　相手を攻撃する前に、与えるダメージを計算します。ダメージは攻撃するキャラクターの攻撃力がベースになるので、キャラクターの構造体 `CHARACTER` に、攻撃力のメンバー変数 `attack` を追加します。

```
// [4-1]キャラクターの構造体を宣言する
typedef struct {
    ...
    int attack; // [4-1-5]攻撃力
    ...
}CHARACTER;
```

　モンスターの配列 `monsters` の宣言で、プレイヤーとモンスターの攻撃力の設定を追加します。

```
// [5-1]モンスターのステータスの配列を宣言する
CHARACTER monsters[MONSTER_MAX] =
{
    // [5-1-1]MONSTER_PLAYER    プレイヤー
    {
        ...
        3,              // [5-1-6]int attack        攻撃力
        "ゆうしゃ", // [5-1-7]char name[4 * 2 + 1]  名前
    },

    // [5-1-8]MONSTER_SLIME スライム
    {
        ...
        2,              // [5-1-13]int attack       攻撃力
        ...
    },
};
```

　攻撃力の計算に使用する乱数を取得するために、実行するごとに異なる乱数のシードが必要です。そこで、乱数のシードに使用する現在の時刻を

取得するために、時間管理ヘッダー<time.h>をインクルードします。

```
// [1]ヘッダーをインクルードする場所
...
#include <time.h>    // [1-4]時間管理ヘッダーをインクルードする
#include <conio.h>   // [1-5]コンソール入出力ヘッダーをインクルードする
```

　main() 関数の最初で、現在の時刻をシードとして乱数をシャッフルします。

```
// [6-6]プログラムの実行開始点を宣言する
int main()
{
    // [6-6-1]乱数をシャッフルする
    srand((unsigned int)time(NULL));

    ...
}
```

　相手に与えるダメージとして「1〜攻撃力」の乱数を取得し、変数 damage に保持します。case の中で変数を宣言するので、{} で囲います。

```
// [6-4-11]選択されたコマンドで分岐する
switch (characters[i].command)
{
case COMMAND_FIGHT: // [6-4-12]戦う
{
    ...

    // [6-4-15]敵に与えるダメージを計算する
    int damage = 1 + rand() % characters[i].attack;

    break;
}

...
}
```

　これでダメージの計算ができました。

相手にダメージを与える

　攻撃により相手のHPを減らします。敵のHPからダメージを減算し、画面を再描画します。

```
// [6-4-11]選択されたコマンドで分岐する
switch (characters[i].command)
{
```

```
case COMMAND_FIGHT: // [6-4-12]戦う
{
    ...

    // [6-4-16]敵にダメージを与える
    characters[characters[i].target].hp -= damage;

    // [6-4-19]戦闘シーンの画面を再描画する関数を呼び出す
    DrawBattleScreen();

    break;
}

...
}
```

　実行してモンスターを攻撃すると、モンスターのHPが減ります。

　次に、相手にダメージを与えたメッセージを表示し、キーボード入力待ち状態にします。

```
// [6-4-11]選択されたコマンドで分岐する
switch (characters[i].command)
{
case COMMAND_FIGHT: // [6-4-12]戦う
{
    ...

    // [6-4-20]敵にダメージを与えたメッセージを表示する
    printf("%sに　%dの　ダメージ！¥n",
        characters[characters[i].target].name,
        damage);

    // [6-4-21]キーボード入力を待つ
    _getch();

    break;
}

...
}
```

　実行すると、攻撃のメッセージが表示されるようになりますが、モンスターのHPがマイナスになっても攻撃してきてしまいます。

■相手にダメージを与える

HPがマイナスになってしまうとバグっているように見えてしまうので、マイナスにならないように、0未満になったら0に補正します。

```
// [6-4-11]選択されたコマンドで分岐する
switch (characters[i].command)
{
case COMMAND_FIGHT: // [6-4-12]戦う
{
    ...

    // [6-4-17]敵のHPが負の値になったかどうかを判定する
    if (characters[characters[i].target].hp < 0)
    {
        // [6-4-18]敵のHPを0にする
        characters[characters[i].target].hp = 0;
    }

    ...

    break;
}

...
}
```

実行すると、今度はHPが減っても0で止まるようになります。

敵を倒したときの処理を実装する

攻撃して相手のHPを減らしたら、相手のHPが 0 以下になったかどうかで、相手を倒したかどうかを判定します。

```
// [6-4-9]各キャラクターを反復する
for (int i = 0; i < CHARACTER_MAX; i++)
{
    ...

    // [6-4-39]攻撃対象を倒したかどうかを判定する
    if (characters[characters[i].target].hp <= 0)
    {
    }
}
```

倒されたキャラクターがプレイヤーかモンスターかでメッセージを変えるので、どちらだったかで分岐し、キーボード入力待ち状態にします。

```
// [6-4-39]攻撃対象を倒したかどうかを判定する
if (characters[characters[i].target].hp <= 0)
{
```

```
// [6-4-40]攻撃対象によって処理を分岐させる
switch (characters[i].target)
{
// [6-4-41]プレイヤーなら
case CHARACTER_PLAYER:
    break;

// [6-4-43]モンスターなら
case CHARACTER_MONSTER:
    break;
}

// [6-4-47]キーボード入力を待つ
_getch();
}
```

倒したのがモンスターだったら、勝利のメッセージを表示します。

```
// [6-4-40]攻撃対象によって処理を分岐させる
switch (characters[i].target)
{
...

// [6-4-43]モンスターなら
case CHARACTER_MONSTER:

    // [6-4-46]モンスターを倒したメッセージを表示する
    printf("%sを　たおした！¥n", characters[characters[i].target].name);

    break;
}
```

■モンスターを倒したメッセージが表示される

実行してモンスターを倒すと、プレイヤーが勝利したメッセージが表示されます。しかしモンスターを倒したときに、モンスターの元気な姿が表示されているのは変です。

それでは、「モンスターを倒した」というメッセージが表示されたら、モンスターの表示を消すようにします。まず、モンスターのアスキーアートを書き換えるために、文字列操作ヘッダー<string.h>をインクルードします。

```
// [1]ヘッダーをインクルードする場所
...
#include <string.h> // [1-3]文字列操作ヘッダーをインクルードする
```

```
...
```

「モンスターを倒した」というメッセージを表示する前に、モンスターのアスキーアートを何も表示しない文字列に書き換えて、画面を再描画します。

```
// [6-4-40]攻撃対象によって処理を分岐させる
switch (characters[i].target)
{
...

// [6-4-43]モンスターなら
case CHARACTER_MONSTER:

    // [6-4-44]モンスターのアスキーアートを何も表示しないように書き換える
    strcpy_s(characters[characters[i].target].aa, "¥n");

    // [6-4-45]戦闘シーンの画面を再描画する関数を呼び出す
    DrawBattleScreen();

    ...
    break;
}
```

■倒したモンスターが消える

実行してモンスターを倒すと、倒したモンスターが表示されなくなります。しかし続行すると、倒したはずのモンスターが反撃してきてしまいます。

いずれが勝った場合でも戦闘は終了なので、決着のメッセージを表示したあとでキーボードを押したら、戦闘シーンの関数 Battle を抜けてプログラムを終了します。

```
// [6-4-39]攻撃対象を倒したかどうかを判定する
if (characters[characters[i].target].hp <= 0)
{
    ...

    // [6-4-48]戦闘シーンの関数を抜ける
    return;
}
```

実行して戦闘の決着が付くと、プログラムが終了します。しかし相手がスライムでは、弱すぎて相手になりません。

魔王降臨!──敵をラスボスに差し替える

それではここで、ラスボスとして魔王を登場させます。

ラスボスのデータを追加する

モンスターの種類として、魔王 MONSTER_BOSS を追加します。

```
// [3-1]モンスターの種類を定義する
enum
{
    ...
    MONSTER_BOSS,    // [3-1-3]魔王
    MONSTER_MAX      // [3-1-4]モンスターの種類の数
};
```

モンスターのステータスを保持する配列の宣言で、魔王のステータスを
設定します。

```
// [5-1]モンスターのステータスの配列を宣言する
CHARACTER monsters[MONSTER_MAX] =
{
    ...

    // [5-1-16]MONSTER_BOSS 魔王
    {
        255,         // [5-1-17]int hp              HP
        255,         // [5-1-18]int maxHp           最大HP
        0,           // [5-1-19]int mp              MP
        0,           // [5-1-20]int maxMp           最大MP
        50,          // [5-1-21]int attack          攻撃力
        "まおう",     // [5-1-22]char name[4 * 2 + 1] 名前

        // [5-1-23]char aa[256] アスキーアート
        "    A＠A￥n"
        "ψ（▼皿▼）ψ"
    }
}
```

これで魔王のデータができました。

モンスターをラスボスに差し替える

戦闘シーンの関数の呼び出しで、指定するモンスターをスライム MONSTER_
SLIME から魔王 MONSTER_BOSS に変更します。

```
// [6-6]プログラムの実行開始点を宣言する
int main()
{
    ...

    // [6-6-3]戦闘シーンの関数を呼び出す
    Battle(MONSTER_BOSS);
}
```

■モンスターが魔王に入れ替わる

実行すると、モンスターがスライムから魔王に入れ替わります。魔王と戦ってプレイヤーが負けてしまうと、その先の処理をまだ実装していないので、いきなりプログラムが終了してしまいます。

プレイヤーが死んだときのメッセージを表示する

　プレイヤーが負けた場合、プレイヤーが死んでしまったメッセージを表示します。

```
// [6-4-40]攻撃対象によって処理を分岐させる
switch (characters[i].target)
{
// [6-4-41]プレイヤーなら
case CHARACTER_PLAYER:

    // [6-4-42]プレイヤーが死んだメッセージを表示する
    printf("あなたは　しにました");

    break;

...
}
```

■プレイヤーが死んだメッセージが表示される

　実行してプレイヤーが負けると、今度はプログラムが終了する前に、プレイヤーが死んでしまったメッセージが表示されます。

勇者の能力を書き換えて強くする

このままで魔王に勝てそうもありません。プレイヤーのステータスを書き換えて、魔王に対抗できるようにします。

```
// [5-1]モンスターのステータスの配列を宣言する
CHARACTER monsters[MONSTER_MAX] =
{
    // [5-1-1]MONSTER_PLAYER     プレイヤー
    {
        100,        // [5-1-2]int hp                HP
        100,        // [5-1-3]int maxHp             最大HP
        15,         // [5-1-4]int mp                MP
        15,         // [5-1-5]int maxMp             最大MP
        30,         // [5-1-6]int attack            攻撃力
        "ゆうしゃ", // [5-1-7]char name[4 * 2 + 1]  名前
    },

    ...
}
```

実行するとプレイヤーが強くなりますが、それでも力及ばず、やはり勝てません。

■プレイヤーのステータスが書き替わる

逃げるコマンドを実装する

このままでは勝てそうにないので、逃げられるようにします。「逃げる」コマンドを選択したら「逃げ出した」メッセージを表示して、キーボード入力待ち状態にします。

```
// [6-4-11]選択されたコマンドで分岐する
switch (characters[i].command)
{
...

case COMMAND_RUN:    // [6-4-35]逃げる

    // [6-4-36]逃げ出したメッセージを表示する
    printf("%sは　にげだした！\n", characters[i].name);
```

```
    // [6-4-37]キーボード入力を待つ
    _getch();

    break;
}
```

■逃げ出したメッセージが表示される

実行して「逃げる」コマンドを選択するとメッセージが表示されますが、戦闘が続行してしまいます。逃げるメッセージが表示されているときにキーボードを押したら、戦闘シーンの関数 `Battle` を抜けるようにします。

```
// [6-4-11]選択されたコマンドで分岐する
switch (characters[i].command)
{
...

case COMMAND_RUN:    // [6-4-35]逃げる
    ...

    // [6-4-38]戦闘処理を抜ける
    return;

    break;
}
```

実行して「逃げる」コマンドを選択すると、プログラムが終了するようになります。これで「逃げる」コマンドができましたが、勇者としてこのまま引き下がるわけにはいきません。

回復呪文コマンドを実装する

ここは往年の勇者に倣い、HPが減ったら呪文を唱えて回復できるようにします。

呪文を発動させてHPを回復させる

まず、呪文コマンドを選択したら、呪文を唱えたメッセージを表示します。

```
// [6-4-11]選択されたコマンドで分岐する
switch (characters[i].command)
{
...

case COMMAND_SPELL:      // [6-4-22]呪文

    // [6-4-29]呪文を唱えたメッセージを表示する
    printf("%sは　ヒールを　となえた！¥n", characters[i].name);

    // [6-4-30]キーボード入力を待つ
    _getch();

    break;

...
}
```

■呪文を唱えたメッセージが表示される

実行して呪文コマンドを選択する
と、呪文を唱えたメッセージが表示
されて、キーボードの入力待ち状態
になります。

次に、キーボードを押したら呪文を唱えた本人のHPを回復させ、画面
を再描画します。

```
// [6-4-11]選択されたコマンドで分岐する
switch (characters[i].command)
{
...

case COMMAND_SPELL:      // [6-4-22]呪文
    ...

    // [6-4-31]HPを回復させる
    characters[i].hp = characters[i].maxHp;

    // [6-4-32]戦闘シーンの画面を再描画する
    DrawBattleScreen();

    break;
...
}
```

　実行して呪文を唱えると HP が回復しますが、そのメッセージが表示されないのでわかりづらいです。そこで、HP が回復するのと同時に HP が回復したというメッセージを表示し、キーボード入力待ち状態にします。

```
// [6-4-11]選択されたコマンドで分岐する
switch (characters[i].command)
{
...

case COMMAND_SPELL:      // [6-4-22]呪文
    ...

    // [6-4-33]HPが回復したメッセージを表示する
    printf("%sのきずが　かいふくした！¥n", characters[i].name);

    // [6-4-34]キーボード入力を待つ
    _getch();

    break;
...
}
```

■HPが回復したメッセージが表示される

　実行して呪文を唱えると、HP が回復したメッセージが表示されますが、MP を消費せず無制限に唱えることができてしまいます。

呪文を唱えたらMPを消費する

　呪文を唱えたら、MP を消費するようにします。まずは消費 MP をマクロ SPELL_COST で定義します。

```
// [2]定数を定義する場所

#define SPELL_COST  (3) // [2-1]呪文の消費MPを定義する
```

　呪文を唱えたら、MP を消費させて、画面を再描画します。

```
// [6-4-11]選択されたコマンドで分岐する
switch (characters[i].command)
{
```

```
...

case COMMAND_SPELL:        // [6-4-22]呪文

    // [6-4-27]MPを消費させる
    characters[i].mp -= SPELL_COST;

    // [6-4-28]画面を再描画する
    DrawBattleScreen();

    ...

    break;
...
}
```

実行するとMPを消費するように
なりますが、MPがなくなっても唱
えられてしまいます。

■呪文を唱えるとMPを消費する

MPが足りなければ呪文を唱えられないようにする

　MPが足りない場合は呪文を唱えられないようにするために、呪文を唱
える前にMPが足りるかどうかをチェックします。

```
// [6-4-11]選択されたコマンドで分岐する
switch (characters[i].command)
{
...

case COMMAND_SPELL:        // [6-4-22]呪文

    // [6-4-23]MPが足りるかどうかを判定する
    if (characters[i].mp < SPELL_COST)
    {
    }

    ...

    break;
...
}
```

　呪文を唱えたときにもしもMPが足りなければ、MPが足りないというメッセージを表示して、キーボード入力待ち状態にします。

```
// [6-4-23]MPが足りるかどうかを判定する
if (characters[i].mp < SPELL_COST)
{
    // [6-4-24]MPが足りないメッセージを表示する
    printf("ＭＰが　たりない！¥n");

    // [6-4-25]キーボード入力を待つ
    _getch();
}
```

■MPが足りないメッセージが表示される

　実行してMPが足りない状態で呪文を唱えると、MPが足りないメッセージが表示されますが、キーボードを押して進めると結局唱えることができてしまいます。MPが足りなかったら呪文選択コマンドの処理を抜けるようにします。

```
// [6-4-23]MPが足りるかどうかを判定する
if (characters[i].mp < SPELL_COST)
{
    ...

    // [6-4-26]呪文を唱える処理を抜ける
    break;
}
```

　実行すると、今度はMPが足りなければ呪文が発動しなくなります。これで回復呪文を唱える処理ができました。しかしコマンドのカーソルが前回のコマンドを選択したままだと、キーボードを連打した場合、誤って呪文を連続で唱えてしまうことがあります。そこで、コマンドを選択する関数 SelectCommand の最初で、プレイヤーのコマンドの選択をリセットします。

```
// [6-3]コマンドを選択する関数を宣言する
void SelectCommand()
{
    // [6-3-1]プレイヤーのコマンドを初期化する
    characters[CHARACTER_PLAYER].command = COMMAND_FIGHT;

    ...
}
```

　実行すると、コマンド選択に戻るたびにカーソルの位置がリセットされるようになります。

最終決戦——打倒魔王!

　準備は整いました。魔王との最終決戦です。残りHPに気を付けながら、回復呪文を駆使して魔王を倒しましょう!

```
ゆうしゃ
HP:10/100  MP:0/15

(HP:0/255)

まおうを　たおした!
▬
```

　実行して魔王に勝利すると、ゲームが終了します。

■魔王を倒した!

　おめでとうございます! これでRPGの戦闘シーンが完成しました。さまざまな呪文やコマンドを追加することで、より戦略性のある戦闘が楽しめるでしょう。また、キャラクターを複数にして、パーティーどうしの戦闘にするのもおもしろそうです。

第 **2** 章

ライフゲームを作成する

単純なルールから生成される、
複雑な生命シミュレーション

ライフゲーム
──単純なルールから展開される、複雑な生命シミュレーション

ライフゲームの誕生と発展

　ライフゲームは、1970年にイギリスの数学者ジョン・ホートン・コンウェイ氏によって考案された、生命のシミュレーションです。マス目に配置されたセル（細胞）が相互に影響しあって増減することにより、生命の「誕生」、「繁殖」、過疎や過密による「衰退」をシミュレートします。都市経営シミュレーションゲーム『シムシティ』の開発者として有名なウィル・ライト氏がライフゲームに熱中していたという逸話があり、筆者がライフゲームに興味を持ったのはそれがきっかけでした。

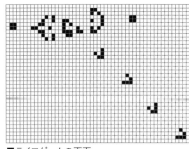

　左の画像はライフゲームの画面です。「グライダー銃」という「繁殖型」のパターンで、上の2つの移動物体が左右に反復移動しつづけ、衝突するたびに「グライダー」という飛行物体を右下方向に発射します。ライフゲームのフィールドは、ゲームが進行すると安定化（ほとんどのセルが消滅して小さな残骸だけが残る）するこ

■ライフゲームの画面

とが多いのですが、パターンによっては「グライダー銃」のように、無限に移動または増殖しつづけるものもあります。

　ライフゲームのパターンは、単純なルールながらさまざまな形に変化していきます。それが幾何学的で美しかったり、何かを再現しているようでおもしろかったりと、多くの科学ファンを魅了しました。本章ではこのライフゲームを作成し、章の最後で世界中のプレイヤーに発見された興味深いパターンを紹介します。

ライフゲームのルール

　ライフゲームのルールは単純です。二次元平面上に格子状に区切られた「セル」と呼ばれるマスがあり、それぞれのセルが「生きている」か「死んでい

る」かのいずれかの状態にあります。ライフゲームはターン制でゲームが進行していきますが、このターンの単位を「世代」と呼びます。各セルが次の世代まで生き残るかどうかは、現世代でいくつの生きたセルと隣接しているかで決定します。隣接する生きたセルの数による生死判定は下記のとおりです。

■表　セルの生死判定

隣接する生きたセルの数	対象のセルの生死判定
2未満	生きたセルは「過疎」により死滅する
2〜3	生きたセルは「生存」しつづける
3	死んだセルから生きたセルが「誕生」する
4以上	生きたセルは「過密」により死滅する

　下記の例は、上記のルールに基づいて、中心のセルが隣接するセルの状態によって次の世代で生きるか死ぬかをどのように判定するかを示します[注1]。塗りつぶされたマスを生きているセルとし、そうでないマスは死んだセルとします。

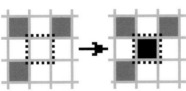

■生きたセルが「誕生」する例

死んだセルが3つの生きたセルと隣接している場合は、「誕生」により生きたセルになります。

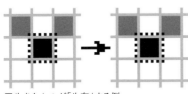

■生きたセルが「生存」する例

生きたセルが2つの生きたセルと隣接している場合は生き続けます。

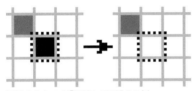

■生きたセルが「過疎」で死滅する例

生きたセルが1つの生きたセルとしか隣接していない場合は、「過疎」により死滅します。

注1　この例では、中心のセルにしか判定を行わないものとします。

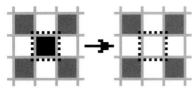

生きたセルが4つの生きたセルと隣接している場合は、「過密」により死滅します。

■生きたセルが「過密」で死滅する例

このセルの生死判定をすべてのセルに行ったら、次の世代へ進みます。ライフゲームに終了のルールはなく、これを永遠に繰り返します。

プログラムの基本構造を作成する

プログラムのベース部分を作成する

最初に、ソースファイルのどこに何を記述するかを、コメントとして記述しておきます。

```
// [1]ヘッダーをインクルードする場所

// [2]定数を定義する場所

// [3]変数を宣言する場所

// [4]関数を宣言する場所
```

プログラムの実行開始点である main() 関数を宣言します。

```
// [4]関数を宣言する場所

// [4-5]プログラム実行の開始点を宣言する
int main()
{
}
```

実行するとウィンドウが一瞬表示されて終了してしまうので、プログラムを続行するためにメインループを追加します。

```
// [4-5]プログラム実行の開始点を宣言する
int main()
{
    // [4-5-6]メインループ
```

```
    while (1)
    {
    }
}
```

実行すると、今度はプログラムが続行するようになります。

コンソールの設定

コンソールのプロパティを設定します。フォントサイズを 72、画面バッファーとウィンドウの幅を 24、高さを 13 とします。

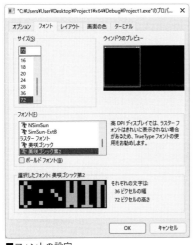

■フォントの設定

■レイアウトの設定

フィールドを描画する

ライフゲームの舞台となるフィールドを描画します。

フィールドのデータを作成する

まずはフィールド上の各セルの状態を保持するために、フィールドのサイズを定義します。フィールドの幅と高さのマクロ `FIELD_WIDTH`、`FIELD_HEIGHT` を定義します。

```
// [2]定数を定義する場所

#define FIELD_WIDTH    (12)    // [2-1]フィールドの幅を定義する
#define FIELD_HEIGHT   (12)    // [2-2]フィールドの高さを定義する
```

　フィールドの状態を保持する配列 field を宣言します。フィールドのそ
れぞれのセルが生きていれば「 1 」、死んでいれば「 0 」とします。ここでは
テストとして「グライダー」という、セルが消滅することなく無限に移動し
つづける「移動物体」のパターンを設定します。

```
// [3]変数を宣言する場所

// [3-1]フィールドを宣言する
bool field[FIELD_HEIGHT][FIELD_WIDTH] =
{
    {0,1,0},
    {0,0,1},
    {1,1,1}
};
```

　これで、フィールドの描画に必要なデータがそろいました。

フィールドを描画する

　それでは、作成したフィールド「field」を描画します。まずはコンソールに文
字列を出力するために、標準入出力ヘッダー<stdio.h>をインクルードします。

```
// [1]ヘッダーをインクルードする場所

#include <stdio.h>  // [1-1]標準入出力ヘッダーをインクルードする
```

　フィールドを描画する処理を記述する関数 DrawField を宣言します。

```
// [4]関数を宣言する場所

// [4-1]フィールドを描画する関数を宣言する
void DrawField()
{
}
```

　フィールドを描画する関数 DrawField を、メインループから呼び出します。

```
// [4-5-6]メインループ
while (1)
{
    DrawField();// [4-5-11]フィールドを描画する関数を呼び出す
}
```

これで、フィールドの描画が連続で行われるようになります。

次に、フィールドを描画する関数 DrawField ですべてのセルを反復します。

```c
// [4-1]フィールドを描画する関数を宣言する
void DrawField()
{
    // [4-1-2]フィールドのすべての行を反復する
    for (int y = 0; y < FIELD_HEIGHT; y++)
    {
        // [4-1-3]フィールドのすべての列を反復する
        for (int x = 0; x < FIELD_WIDTH; x++)
        {
        }
    }
}
```

それぞれのセルに対して、生きていれば「■」を描画し、死んでいれば描画しないかわりに「　」(全角スペース)を描画します。

```c
// [4-1-1]フィールドのすべての行を反復する
for (int y = 0; y < FIELD_HEIGHT; y++)
{
    // [4-1-2]フィールドのすべての列を反復する
    for (int x = 0; x < FIELD_WIDTH; x++)
    {
        // [4-1-4]セルが生きていれば「■」を、死んでいれば「　」を描画する
        printf("%s", field[y][x] ? "■" : "　");
    }
}
```

各行を描画しおわったら、次の行を描画するために改行します。

```c
// [4-1-1]フィールドのすべての行を反復する
for (int y = 0; y < FIELD_HEIGHT; y++)
{
    ...

    printf("\n");// [4-1-5]1行描画するごとに改行する
}
```

実行すると、マスが大量に描画されて画面が乱れてしまいます。これを回避するために、画面を描画する前に画面をクリアします。まずは、標準ライブラリヘッダー<stdlib.h>をインクルードします。

```c
// [1]ヘッダーをインクルードする場所

#include <stdio.h>  // [1-1]標準入出力ヘッダーをインクルードする
#include <stdlib.h> // [1-2]標準ライブラリヘッダーをインクルード
```

フィールドを描画する関数 `DrawField` の最初で、画面をクリアします。

```
// [4-1]フィールドを描画する関数を宣言する
void DrawField()
{
    system("cls");// [4-1-1]画面をクリアする

    ...
}
```

■パターンが表示される

実行すると、設定したパターンが左上に表示されます。これでフィールドの描画が描画できましたが、連続で描画しているので画面がちらついてしまいます。

それでは画面が連続で描画されてしまうのを止めるために、描画が終わったらキーボードの入力待ち状態にします。まずはコンソール入出力ヘッダー<conio.h>をインクルードします。

```
// [1]ヘッダーをインクルードする場所
...
#include <conio.h> // [4-5]コンソール入出力ヘッダーをインクルードする
```

画面の描画が終わったら、キーボード入力待ち状態にします。

```
// [4-5-6]メインループ
while (1)
{
    ...

    _getch();// [4-5-12]キーボード入力を待つ
}
```

これで画面のちらつきがやみ、キーボードを押せば再描画されるようになります。

対象のセルがいくつの生きたセルと
隣接しているかを数える

マスごとに隣接するマスの状態をチェックする

　世代ごとにすべてのセルに対して行う処理として、各セルが「いくつの生きたセルと隣接しているか」を数える処理を記述する関数 `GetLivingCells` `Count` を宣言します。引数 `_x`、`_y` で、対象となるセルの座標を指定します。

```
// [4]関数を宣言する場所
...

// [4-2]対象のセルと隣接する生きたセルの数を取得する関数を宣言する
int GetLivingCellsCount(int _x, int _y)
{
}

...
```

　生きているセルの数を保持する変数 `count` を宣言し、関数 `GetLiving` `CellsCount` の最後で返します。

```
// [4-2]対象のセルと隣接する生きたセルの数を取得する関数を宣言する
int GetLivingCellsCount(int _x, int _y)
{
    int count = 0;// [4-2-1]生きているセルを数えるカウンターを宣言する

    return count;// [4-2-13]生きているセルの数を返す
}
```

　対象のセルと隣接するすべてのセルを反復します。

```
// [4-2]対象のセルと隣接する生きたセルの数を取得する関数を宣言する
int GetLivingCellsCount(int _x, int _y)
{
    int count = 0;// [4-2-1]生きているセルを数えるカウンターを宣言する

    // [4-2-2]対象のセルの上下1マスを反復する
    for (int y = _y -1; y <= _y + 1; y++)
    {
        // [4-2-6]対象のセルの左右1マスを反復する
        for (int x = _x + -1; x <= _x + 1; x++)
        {
        }
    }
```

```
    return count;// [4-2-13]生きているセルの数を返す
}
```

これで、各マスに隣接するすべてのマスを判定する準備ができました。

フィールドの範囲外の座標を無視する

このままでは、フィールドの範囲外のセルを参照してしまう可能性があります。範囲外のフィールドを参照してしまうと正しい結果が得られなくなり、メモリの不正アクセスでプログラムがクラッシュしてしまうこともあるので、これを回避する処理を追加します。

まずは行の反復の中で、対象の行がフィールドの範囲外であれば、その行の反復をスキップします。

```
// [4-2-2]対象のセルの上下1マスを反復する
for (int y = _y -1; y <= _y + 1; y++)
{
    // [4-2-3]上下にループさせない場合は、行が範囲内かどうかを判定する
    if ((y < 0) || (y >= FIELD_HEIGHT))
    {
        continue;// [4-2-4]範囲外の行なのでスキップする
    }
    ...
}
```

列の反復の中で、対象の列がフィールドの範囲外であればその列の反復をスキップします。

```
// [4-2-6]対象のセルの左右1マスを反復する
for (int x = _x + -1; x <= _x + 1; x++)
{
    // [4-2-7]左右にループさせない場合は、列が範囲内かどうかを判定する
    if ((x < 0) || (x >= FIELD_WIDTH))
    {
        continue;// [4-2-8]範囲外の列なのでスキップする
    }
}
```

これで、フィールドの範囲外を無視する処理ができました。

フィールドが無限にループしているものとする

フィールドの範囲外へのアクセスを防ぐ方法としてもう一つ、フィールド上下左右の端が反対側とつながっているとして処理する方法があります。

この方法は上記の「フィールドの範囲外の座標を無視する」方法とは排他的なので、上記の処理はコメントアウトしておきます。

```
// [4-2]対象のセルと隣接する生きたセルの数を取得する関数を宣言する
int GetLivingCellsCount(int _x, int _y)
{
    int count = 0;// [4-2-1]生きているセルを数えるカウンターを宣言する

    // [4-2-2]対象のセルの上下1マスを反復する
    for (int y = _y -1; y <= _y + 1; y++)
    {
/*
        // [4-2-3]上下にループさせない場合は、行が範囲内かどうかを判定する
        if ((y < 0) || (y >= FIELD_HEIGHT))
        {
            continue;// [4-2-4]範囲外の行なのでスキップする
        }
*/
        // [4-2-6]対象のセルの左右1マスを反復する
        for (int x = _x + -1; x <= _x + 1; x++)
        {
/*
            // [4-2-7]左右にループさせない場合は、行が範囲内かどうかを判定する
            if ((x < 0) || (x >= FIELD_WIDTH))
            {
                continue;// [4-2-8]範囲外の行なのでスキップする
            }
*/
        }
    }

    return count;// [4-2-13]生きているセルの数を返す
}
```

　対象のマスの行番号を上下にループさせた値にして、変数 roopedY に設定します。

```
// [4-2-2]対象のセルの上下1マスを反復する
for (int y = _y -1; y <= _y + 1; y++)
{
    ...

    // [4-2-5]上下にループしたY座標を宣言する
    int roopedY = (FIELD_HEIGHT + y) % FIELD_HEIGHT;

    ...
}
```

　列番号を左右にループさせた値にして、変数 roopedX に設定します。

```
// [4-2-6]対象のセルの左右1マスを反復する
for (int x = _x + -1; x <= _x + 1; x++)
{
    ...

    // [4-2-9]左右にループしたX座標を宣言する
    int roopedX = (FIELD_WIDTH + x) % FIELD_WIDTH;
}
```

　これでフィールドの上下左右がつながっていることになります。

　ここまでで、フィールドの範囲外について「範囲外のマスを無視する」処理を追加し、「フィールドの上下左右をループさせる」処理に修正しました。ライフゲームは本来無限にフィールドが続いているものなので、セルがフィールドの端に到達してしまうと、どちらの処理も正しい結果になりません。しかしメモリは有限なので、どちらかの処理をしてフィールドの範囲外へのアクセスを回避しなければなりません。どちらの処理を選ぶかは、使用するパターンや好みによって切り替えてください。

隣接する生きたセルの数を数える

　対象のセルが、「いくつの生きたセルと隣接しているか」を数える処理を実装します。まず、対象のセル自体は数えないので、中心の座標はスキップします。

```
// [4-2-6]対象のセルの左右1マスを反復する
for (int x = _x + -1; x <= _x + 1; x++)
{
    ...

    // [4-2-10]対象の座標が、中心のセルと同じかどうかを判定する
    if ((roopedX == _x) && (roopedY == _y))
    {
        continue;// [4-2-11]対象の座標をスキップする
    }
}
```

　対象のセルが生きているかどうかを判定し、生きていれば「隣接する生きたセルの数」を加算します。

```
// [4-2-6]対象のセルの左右1マスを反復する
for (int x = _x + -1; x <= _x + 1; x++)
{
    ...

    // [4-2-12]対象のセルが生きていれば1を、死んでいれば0を加算する
```

```
    count += field[roopedY][roopedX];
}
```

これで、「対象のセルと隣接する生きたセル」を数える関数 `GetLiving CellsCount` ができました。

世代を進行させる

それではシミュレーションを実行し、次の世代へ移行していきます。

キーボード入力でシミュレーションを進行させる

まずは、キーボードを押したらゲームが進行するようにします。

シミュレーション処理を呼び出す

シミュレーションを1世代分実行する処理を記述する関数 `StepSimulation` を宣言します。

```
// [4]関数を宣言する場所
...

// [4-3]1ステップ分のシミュレーションを実行する関数を宣言する
void StepSimulation()
{
}

...
```

シミュレーションを実行する関数 `StepSimulation` を、メインループの最後で呼び出します。

```
// [4-5-6]メインループ
while (1)
{
    ...

    StepSimulation();// [4-5-13]シミュレーションを進める
}
```

これで、キーボードが押されるごとにシミュレーションが実行されるようになります。

各セルの次の世代での生死判定を行う

　シミュレーションの結果をフィールドに直接書き込んでしまうと、あと
で処理するセルが次の世代のフィールドを参照してしまうことになります。
そこで、現在のフィールドとは別に、次の世代のフィールドを保持する配
列 `nextField` を宣言します。

```
// [4-3]1ステップ分のシミュレーションを実行する関数を宣言する
void StepSimulation()
{
    // [4-3-1]次の世代のフィールドを宣言する
    bool nextField[FIELD_HEIGHT][FIELD_WIDTH] = {};
}
```

　フィールドのすべてのセルを反復し、それぞれのセルの生死判定を行い
変数 `livingCellCount` に保持します。

```
// [4-3]1ステップ分のシミュレーションを実行する関数を宣言する
void StepSimulation()
{
    ...

    // [4-3-2]すべての行を反復する
    for (int y = 0; y < FIELD_HEIGHT; y++)
    {
        // [4-3-3]すべての列を反復する
        for (int x = 0; x < FIELD_WIDTH; x++)
        {
            // [4-3-4]対象のセルと隣接する、生きているセルの数を宣言する
            int livingCellCount = GetLivingCellsCount(x, y);
        }
    }
}
```

　対象のセルがいくつの生きたセルと隣接しているかで、次の世代でその
セルの生死判定を行います。ライフゲームのルールにのっとり、1つなら
過疎で死滅、2つなら現状維持、3つなら生存または誕生、4つ以上なら過
密で死滅します。

```
// [4-3-3]すべての列を反復する
for (int x = 0; x < FIELD_WIDTH; x++)
{
    ...

    // [4-3-5]隣接する生きたセルの数で分岐する
    if (livingCellCount <= 1)// [4-3-5]1個なら
    {
```

```
        // [4-3-6]対象のセルを死滅させる
        nextField[y][x] = false;
    }
    else if (livingCellCount == 2)// [4-3-7]2個なら
    {
        // [4-3-8]現状維持
        nextField[y][x] = field[y][x];
    }
    else if (livingCellCount == 3)// [4-3-9]3個なら
    {
        // [4-3-10]対象のセルを誕生／生存させる
        nextField[y][x] = true;
    }
    else// [4-3-11]4つ以上なら
    {
        // [4-3-12]対象のセルを死滅させる
        nextField[y][x] = false;
    }
}
```

　これでシミュレーションの処理ができましたが、結果がまだ画面に反映されません。

シミュレーションの結果を画面に反映させる

　メモリのコピーを行うために、文字列操作ヘッダー<string.h>をインクルードします。

```
// [1]ヘッダーをインクルードする場所
...
#include <string.h> // [1-3]文字列操作ヘッダーをインクルードする
#include <conio.h>  // [1-5]コンソール入出力ヘッダーをインクルードする
```

　シミュレーションの結果が出たあとで、シミュレーションの結果 nextField を現在のフィールド field にコピーします。

```
// [4-3]1ステップ分のシミュレーションを実行する関数を宣言する
void StepSimulation()
{
    ...

    // [4-3-13]次のステップのフィールドを、現在のフィールドにコピーする
    memcpy(field, nextField, sizeof field);
}
```

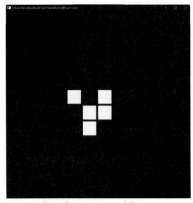

実行すると、キーボードを押すごとに、セルの集合が形を変えながら画面の左上から右下方向へ移動していきます。これでライフゲームが完成しました。

■キーを押すごとにパターンが動く

シミュレーションを一定時間ごとに自動進行させる

　シミュレーションの結果をじっくり確認したい場合は、キーボードを押して進行するほうがよいのですが、リアルタイムに自動進行していくのを眺めるのもおもしろいでしょう。そこで、キーボードを押さなくても自動で進行していくようにします。

　まずは1秒当たりの更新回数のマクロ FPS を定義します。

```
// [2]定数を定義する場所
...
#define FPS (10)      // [2-3]1秒当たりの更新回数を定義する
```

　FPS をもとに、更新の間隔をミリ秒(1/1000秒単位)で示すマクロ INTERVAL を定義します。

```
// [2]定数を定義する場所
...
#define INTERVAL    (1000 / FPS)    // [2-4]更新間隔（ミリ秒）を定義する
```

　現在の時刻を取得するために、時間管理ヘッダー<time.h>をインクルードします。

```
// [1]ヘッダーをインクルードする場所

...
#include <time.h>    // [1-4]時間管理ヘッダーをインクルードする
#include <conio.h>   // [1-5]コンソール入出力ヘッダーをインクルードする
```

　メインループに入る前に「前回の更新の時刻」を保持する変数 `lastClock` を宣言し、現在の時刻で初期化します。

```
// [4-5]プログラム実行の開始点を宣言する
int main()
{
    clock_t lastClock = clock();// [4-5-5]前回の経過時間を宣言する

    ...
}
```

　メインループ内で現在の時間を取得して、変数 `newClock` に保持します。

```
// [4-5-6]メインループ
while (1)
{
    clock_t newClock = clock();// [4-5-7]現在の経過時間を宣言する

    ...
}
```

　前回の更新時刻から待機時間が経過していなければ、このあとの処理をスキップしてループの最初に戻ります。

```
// [4-5-6]メインループ
while (1)
{
    clock_t newClock = clock();// [4-5-7]現在の経過時間を宣言する

    // [4-5-8]前回の経過時間から、待機時間が経過していなければ
    if (newClock < lastClock + INTERVAL)
    {
        continue;// [4-5-9]待機状態に戻る
    }

    ...
}
```

　待機時間が経過していたら、次の処理に進みます。まずは次回の更新に備え、「前回の更新時刻」を保持する変数 `lastClock` に現在の時刻 `newClock` を設定します。

```
// [4-5-6]メインループ
while (1)
{
    ...

    // [4-5-10]前回経過時間を、現在の経過時間で更新する
```

```
    lastClock = newClock;

    ...
}
```

最後に、キーボード入力待ちの処理をコメントアウトします。

```
// [4-5-6]メインループ
while (1)
{
    ...

//  _getch();// [4-5-12]キーボード入力を待つ

    StepSimulation();// [4-5-13]シミュレーションを進める
}
```

実行すると、シミュレーションが一定時間ごとに自動で行われるようになります。

ここまでで、キーボード入力で世代を進める処理を実装し、リアルタイムに進行するように修正しました。どちらの処理にするかは、使用するパターンや好みで切り替えてください。

任意のパターンをフィールドの中心に配置する

広いフィールドの真ん中に、小さいパターンを書き込みたい場合があります。そこで、フィールドとは別に用意したパターンを、フィールドの任意の場所にコピーする機能を追加します。

フィールドを広くする

まず、広いフィールドを描画するために、コンソールの設定を変更します。フォントサイズを6、画面バッファーとウィンドウの幅を321、高さを161とします。

■フォントの設定

■レイアウトの設定

次にフィールドのサイズを変更します。

```
#define FIELD_WIDTH     (160)    // [2-1]フィールドの幅を定義する
#define FIELD_HEIGHT    (160)    // [2-2]フィールドの高さを定義する
```

実行すると、フィールドが広くなったのが確認できます。これで、大きなパターンも表示できるようになります。

■フィールドが広くなる

パターンをフィールドに書き込む関数を作成する

任意のパターンをフィールドの任意の場所に書き込む処理を記述する関数 PatternTransfer を宣言します。引数 _destX と _destY はコピー先の原点の座標で、_srcWidth と _srcHeight は書き込むパターンのサイズ、

_pPattern は書き込むパターンのデータのアドレスです。

```
// [4]関数を宣言する場所
...

// [4-4]パターンをフィールドにコピーする関数を宣言する
void PatternTransfer(
    int _destX, int _destY,
    int _srcWidth, int _srcHeight,
    bool* _pPattern)
{
}

...
```

　コピー元パターンのすべてのマスを反復し、コピー先であるフィールド
の指定された座標にコピーします。

```
// [4-4]パターンをフィールドにコピーする関数を宣言する
void PatternTransfer(...)
{
    // [4-4-1]パターン内のすべての行を反復する
    for (int y = 0; y < _srcHeight; y++)
    {
        // [4-4-2]パターン内のすべての列を反復する
        for (int x = 0; x < _srcWidth; x++)
        {
            // [4-4-3]パターンをフィールドにコピーする
            field[_destY + y][_destX + x] = _pPattern[y * _srcWidth + x];
        }
    }
}
```

　これで、パターンをフィールドにコピーする関数 PatternTransfer がで
きました。

パターンをフィールドに書き込む関数をテストする

　テスト用に初期化していたフィールドの初期設定を、コメントアウトす
るか削除します。

```
// [3-1]フィールドを宣言する
bool field[FIELD_HEIGHT][FIELD_WIDTH] =
{
/*
    ...
*/
};
```

実行すると、フィールドには何もない状態になります。

次に `main()` 関数の最初で、コピーするパターンのサイズと形状を宣言します。使用するパターンは、セルが無限に増殖する「繁殖型」の中で最もセルの数が少ないパターンです。

```cpp
// [4-5]プログラム実行の開始点を宣言する
int main()
{
    const int patternWidth = 10;// [4-5-1]パターンの幅を宣言する
    const int patternHeight = 8;// [4-5-2]パターンの高さを宣言する

    // [4-5-3]パターンを宣言する
    bool pattern[patternHeight][patternWidth] =
    {
        {0,0,0,0,0,0,0,0,0,0},
        {0,0,0,0,0,0,0,1,0,0},
        {0,0,0,0,0,1,0,1,1,0},
        {0,0,0,0,0,1,0,1,0,0},
        {0,0,0,0,0,1,0,0,0,0},
        {0,0,0,1,0,0,0,0,0,0},
        {0,1,0,1,0,0,0,0,0,0},
        {0,0,0,0,0,0,0,0,0,0}
    };

    ...
}
```

作成したパターンを、フィールドの中心に書き込みます。

```cpp
// [4-5]プログラム実行の開始点を宣言する
int main()
{
    ...

    // [4-5-4]パターンをフィールドの中心にコピーする
    PatternTransfer(
        FIELD_WIDTH / 2 - patternWidth / 2,    // int _destX
        FIELD_HEIGHT / 2 - patternHeight / 2,  // int _destY
        patternWidth,                          // int _srcWidth
        patternHeight,                         // int _srcHeight
        (bool*)pattern);                       // bool* _pPattern

    ...
}
```

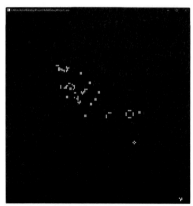

実行すると、フィールドの真ん中に
パターンが現れて増殖していきます。

■パターンがフィールドの中心に配置される

おめでとうございます！ これで本章のプログラムが完成しました。あとは
いろいろなパターンを打ち込んで、ライフゲームを楽しんでいきましょう。

パターンの例

固定物体

固定物体は、少ないセルの集合が生死の均衡を保って形が変わらないパ
ターンです。

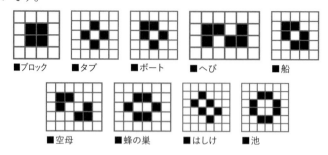

■ブロック　　■タブ　　■ボート　　■へび　　■船

■空母　　　■蜂の巣　　■はしけ　　■池

振動子

振動子は、一定の周期で同じ変化を繰り返すパターンです。

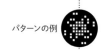

固定物体（周期2）

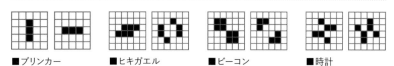

■ブリンカー　　■ヒキガエル　　■ビーコン　　■時計

パルサー（周期3）

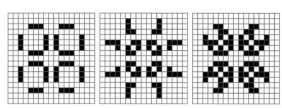

■パルサー

八角形（周期5）

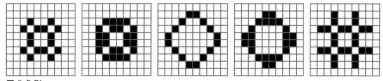

■八角形

銀河（周期8）

■銀河

ペンタデカスロン（周期15）

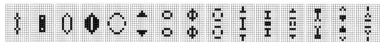

■ペンタデカスロン

長寿型

　長寿型は、長い世代にわたって不規則な変化を続けて、一定世代後に安定化するパターンです。

R-ペントミノ

■R- ペントミノ

R-ペントミノは、長寿型として最初に発見された
パターンです。

ダイ・ハード

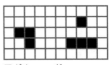

■ダイ・ハード

ダイ・ハードは、130世代後にすべてのセルが死
滅するパターンです。セルが7つ以下のパターンと
しては、消滅するまで期間が最大であると予想され
ています。

どんぐり

■どんぐり

どんぐりは、5206世代の間に13個のグライダー
を生み出すパターンです。

移動物体

移動物体は、セルの集合が移動しつづけるパターンです。

グライダー

■グライダー

軽量級宇宙船

■軽量級宇宙船

中量級宇宙船

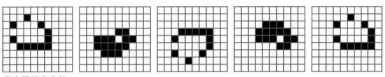

■中量級宇宙船

重量級宇宙船

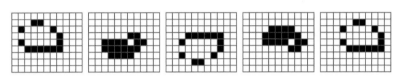

■重量級宇宙船

繁殖型

　繁殖型は、セルが無限に増殖しつづけるパターンです。繁殖型の一つとして、無限に「グライダー」を発射しつづける「グライダー銃」があります。

グライダー銃

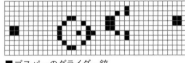

■ゴスパーのグライダー銃

　ゴスパーのグライダー銃は、15世代目で最初のグライダーを発射し、それ以降は30世代ごとにグライダーを発射します。

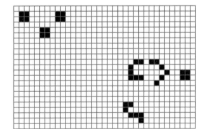

■シムキンのグライダー銃

　シムキンのグライダー銃は、120世代ごとにグライダーを発射します。

小さいパターン

次のパターンは、繁殖型として最小のパターンです。

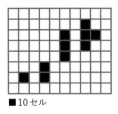

■10セル

■5×5の矩形

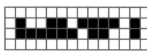

■12×2の矩形

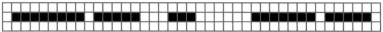

■高さ1のパターン

シュシュポッポ列車

シュシュポッポ列車は、蒸気機関車が煙を出しながら走るような繁殖型のパターンです。列車のような物体が右に移動しながら、蒸気のように生成されていく物体が上に移動していきます。

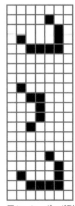

■シュシュポッポ列車（第1世代）

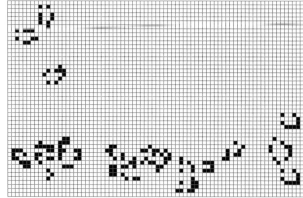

■シュシュポッポ列車（第121世代）

マックス

マックスは繁殖型の一種で、菱形（ひしがた）の図形が無限に拡大するように変化します。

■マックス（第1世代）

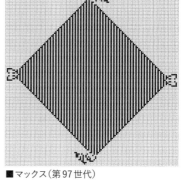

■マックス（第97世代）

直線から神秘的な模様

横一直線に2の冪乗（べき）(2,4,8,16,…256,…1024,…)個のセルを並べて世代を進めると、神秘的な模様を描きます。次の例は、セルを横に1024個並べた場合です。最初はただの直線ですが、幾何学的な模様を描きながら無限に拡大していきます。

■直線（第1世代）

■直線（第255世代）

■直線（第511世代）

十字から神秘的な模様

　上記のパターンの直線を十字にすると、さらに複雑な万華鏡のような模様が描かれます。次の例は、1,024個のセルを十字に並べた場合です。

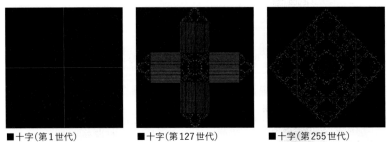

■十字（第1世代）　　　　■十字（第127世代）　　　　■十字（第255世代）

　本章で紹介したパターンは打ち込みやすい小さいもののみでしたが、より大きく複雑なパターンがたくさん発見され公開されています。幾何学的で美しいものや、巨大な工場のような複雑で規則的な動きをするものなどがあり、ライフゲームの果てしない可能性が感じられます。

第 **3** 章

リバーシを作成する

マス目単位のデータ処理とAIの実装

2人対戦ボードゲームの定番「リバーシ」

リバーシは、19世紀にイギリスで考案されたボードゲームです。日本では1973年に『オセロ』という名前で発売されヒットし、有名になりました。2人のプレイヤーが交互に石を置いていき、相手の石を自分の石で挟んでひっくり返す、というルールです。単純なルールながら奥が深く、コンピュータによる研究や、世界大会が行われています。

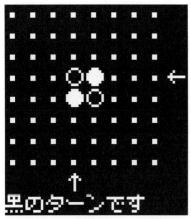

本章で作成するリバーシは、キーボード入力によるカーソル操作で石を置きます。実装するモードは、2人対戦による2Pモードのほかに、プレイヤーとAIと対戦する1Pモード、さらにAIどうしの対戦による観戦モードも追加します。

■本章のゲームの画面

プログラムの基本構造を作成する

プログラムのベース部分を作成する

最初に、ソースファイルのどこに何を記述するかを、コメントとして記述しておきます。

```
// [1]ヘッダーをインクルードする場所

// [2]定数を定義する場所

// [3]列挙定数を定義する場所

// [4]構造体を宣言する場所

// [5]変数を宣言する場所
```

```
// [6]関数を宣言する場所
```

プログラムの実行開始点の `main()` 関数を宣言します。

```
// [6]関数を宣言する場所

// [6-9]プログラム実行の開始点を宣言する
int main()
{
}
```

実行するとウィンドウが一瞬表示されて終了してしまうので、プログラムを続行するためにメインループを追加します。

```
// [6-9]プログラム実行の開始点を宣言する
int main()
{
    // [6-9-6]メインループ
    while (1)
    {
    }
}
```

実行すると、今度はプログラムが続行するようになります。

コンソールの設定

コンソールのプロパティは、フォントのサイズを72、画面バッファーとウィンドウの幅を22、高さを11に設定します。

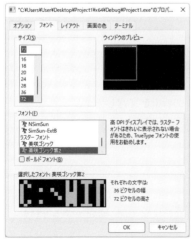

■フォントの設定

■レイアウトの設定

盤面を描画する

盤面を初期化する

　盤面を初期化するために、ゲームを初期化する処理を記述する関数 `Init` を宣言します。

```
// [6]関数を宣言する場所

// [6-7]ゲームを初期化する関数を宣言する
void Init()
{
}
...
```

　ゲームを初期化する関数 `Init` を、`main()` 関数から呼び出します。

```
// [6-9]プログラム実行の開始点を宣言する
int main()
{
    Init();// [6-9-5]ゲームを初期化する関数を呼び出す

    ...
}
```

　これでゲームが起動したときに、初期化の処理が行われるようになります。

　次に、盤面の幅と高さのマクロ `BOARD_WIDTH`、`BOARD_HEIGHT` を定義します。

```
// [2]定数を定義する場所

#define BOARD_WIDTH     (8) // [2-1]盤面の幅を定義する
#define BOARD_HEIGHT    (8) // [2-2]盤面の高さを定義する
```

　盤面の各マスの状態を保持する配列 `board` を宣言します。

```
// [5]変数を宣言する場所

// [5-5]盤面の各マスの状態を宣言する
int board[BOARD_HEIGHT][BOARD_WIDTH];
```

　各マスの状態を定義します。黒と白の石が置かれている状態 `TURN_BLACK`、`TURN_WHITE` と、石が置かれていない状態 `TURN_NONE` があるとします。これは、ターンの制御にも使用します。

```
// [3]列挙定数を定義する場所

// [3-1]ターンの種類を定義する
enum
{
    TURN_BLACK,  // [3-1-1]黒
    TURN_WHITE,  // [3-1-2]白
    TURN_NONE,   // [3-1-3]なし
    TURN_MAX     // [3-1-4]ターンの数
};
```

　ゲームを初期化する関数 `Init` で、盤面のすべてのマスを、石が置かれていない状態 `TURN_NONE` にします。

```
// [6-7]ゲームを初期化する関数を宣言する
void Init()
{
    // [6-7-1]盤面のすべての行を反復する
    for(int y=0;y<BOARD_HEIGHT;y++)
    {
        // [6-7-2]盤面のすべての列を反復する
        for (int x = 0; x < BOARD_WIDTH; x++)
        {
            // [6-7-3]対象のマスを石が置かれていない状態にする
            board[y][x] = TURN_NONE;
        }
    }
}
```

　これで、盤面の初期化ができました。

盤面を描画する

　盤面を描画するために、画面全体の描画処理を記述する関数 `DrawScreen` を宣言します。

```
// [6]関数を宣言する場所

// [6-5]画面を描画する関数を宣言する
void DrawScreen()
{
}

...
```

　初期化の処理の最後に、画面の描画を行います。

```
// [6-7]ゲームを初期化する関数を宣言する
void Init()
```

```
{
    ...

    DrawScreen();// [6-7-8]画面を描画する関数を呼び出す
}
```

これで、ゲームが起動したときに画面が描画されるようになります。

次に、各マスを描画するためのアスキーアートの配列 diskAA を宣言します。黒を ● (画面上では◪)とし、白を ○ (画面上では◩)とします。

```
// [5]変数を宣言する場所

// [5-1]石のアスキーアートを宣言する
const char* diskAA[TURN_MAX] =
{
    "●",    // [5-1-1]TURN_BLACK    黒い石が置かれている
    "○",    // [5-1-2]TURN_WHITE    白い石が置かれている
    "・"    // [5-1-3]TURN_NONE     石が置かれていない
};

...
```

文字列を表示するために、標準入出力ヘッダー<stdio.h>をインクルードします。

```
// [1]ヘッダーをインクルードする場所

#include <stdio.h>  // [1-1]標準入出力ヘッダーをインクルードする
```

盤面のすべてのマスを反復し、それぞれのマスをアスキーアートで描画します。

```
// [6-5]画面を描画する関数を宣言する
void DrawScreen()
{
    // [6-5-2]すべての行を反復する
    for (int y = 0; y < BOARD_HEIGHT; y++)
    {
        // [6-5-3]すべての列を反復する
        for (int x = 0; x < BOARD_WIDTH; x++)
        {
            printf("%s", diskAA[board[y][x]]);// [6-5-4]石を描画する
        }
    }
}
```

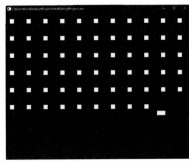

実行すると各マスが描画されますが、改行をしていないので表示が崩れてしまいます。

■盤面の表示が崩れてしまう

それでは、各行を描画しおわったあとで改行します。

```
// [6-5-2]すべての行を反復する
for (int y = 0; y < BOARD_HEIGHT; y++)
{
    ...

    printf("\n");// [6-5-8]行の描画の最後に改行する
}
```

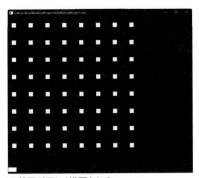

実行すると、今度は正しく盤面が表示されます。

■盤面が正しく描画される

盤面の初期配置を設定する

初期配置として、黒い石を盤面の中心に2個配置します。

```
// [6-7]ゲームを初期化する関数を宣言する
void Init()
{
    ...
```

```
// [6-7-4]盤面中央の右上と左下に黒い石を置く
board[4][3] = board[3][4] = TURN_BLACK;

DrawScreen();// [6-7-8]画面を描画する関数を呼び出す
}
```

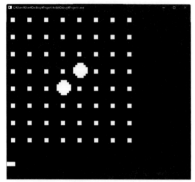

実行すると、黒い石が配置され
ます。

■黒い石が置かれる

　白い石も同様に配置します。

```
// [6-7]ゲームを初期化する関数を宣言する
void Init()
{
    ...

    // [6-7-5]盤面中央の左上と右下に白い石を置く
    board[3][3] = board[4][4] = TURN_WHITE;

    DrawScreen();// [6-7-8]画面を描画する関数を呼び出す
}
```

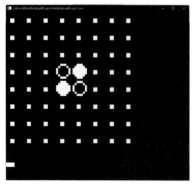

実行すると、白い石も配置されま
す。これで盤面の描画ができました。

■白い石が置かれる

キーボード入力でマスを選択する

石を置く座標を指定するためのカーソルを作成します。対象の座標の行と列に矢印を表示することで、指している座標を示します。

カーソルを描画する

まずは、カーソルの座標を保持するためのベクトル構造体 VEC2 を宣言します。メンバー変数 x 、y が対象の座標です。

```
// [4]構造体を宣言する場所

// [4-1]ベクトル構造体を宣言する
typedef struct {
    int x, y;    // [4-1-1]座標
} VEC2;
```

カーソルの座標を保持する変数 cursorPosition を宣言します。

```
// [5]変数を宣言する場所
...

VEC2 cursorPosition;// [5-6]カーソルの座標を宣言する
```

カーソルが指している行の右に、左向きの矢印を表示します。

```
// [6-5-2]すべての行を反復する
for (int y = 0; y < BOARD_HEIGHT; y++)
{
    ...

    // [6-5-6]対象の行がカーソルと同じ行かどうかを判定する
    if (y == cursorPosition.y)
    {
        printf("←");// [6-5-7]カーソルを描画する
    }

    printf("¥n");// [6-5-8]行の描画の最後に改行する
}
```

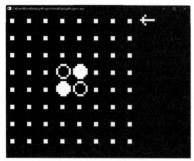

■カーソルの行に左矢印が描画される

実行すると、カーソルの行の右端に左向きの矢印が表示されます。

次に、カーソルが指している列の下に、上向きの矢印を表示します。

```
// [6-5]画面を描画する関数を宣言する
void DrawScreen()
{
    ...

    // [6-5-10]盤面の列の数だけ反復する
    for (int x = 0; x < BOARD_WIDTH; x++)
    {
        // [6-5-11]カーソルと同じ列かどうかを判定する
        if (x == cursorPosition.x)
        {
            printf("↑");      // [6-5-12]↑矢印を表示する
        }
        else
        {
            printf("　");      // [6-5-13]全角スペースを表示する
        }
    }
}
```

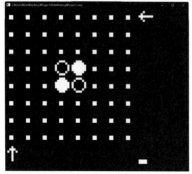

■カーソルの列に上矢印が描画される

実行すると、カーソルの列の下に上向きの矢印が表示されます。これでカーソルの描画ができました。

カーソルの描画が終わったら、次の表示に備えて改行しておきます。

```
// [6-5]画面を描画する関数を宣言する
void DrawScreen()
{
    ...

    // [6-5-14]カーソルの描画が終わったら改行しておく
    printf("¥n");
}
```

カーソルをキーボード入力で操作する

カーソルをキーボード入力で操作できるようにします。入力されたキーによってカーソルを動かし、決定するまでの処理を記述する関数 `InputPosition` を宣言します。

```
// [6]関数を宣言する場所
...

// [6-8]石を置くマスを選択する関数を宣言する
VEC2 InputPosition()
{
}

...
```

メインループに入ったら、石を置くマスを保持する変数 `placePosition` を宣言し、置くマスを入力する関数 `InputPosition` で取得したマスの座標を保持しておきます。

```
// [6-9-6]メインループ
while (1)
{
    // [6-9-16]石を置くマスを宣言する
    VEC2 placePosition;

    // [6-9-18]石を置くマスを選択する関数を呼び出す
    placePosition = InputPosition();
}
```

石を置くマスを選択する関数では、座標が決定されるまで入力を続行するので、無限ループに入ります。

```
// [6-8]石を置くマスを選択する関数を宣言する
VEC2 InputPosition()
{
```

```
// [6-8-1]置けるマスが選択されるまで無限ループする
while (1)
{
}
}
```

キーボードが押されるごとにカーソルの位置が変わるので、その都度画面を再描画します。

```
// [6-8-1]置けるマスが選択されるまで無限ループする
while (1)
{
    DrawScreen();// [6-8-2]画面を描画する関数を呼び出す
}
```

画面をクリアするために、標準ライブラリヘッダー<stdlib.h>をインクルードします。

```
// [1]ヘッダーをインクルードする場所

#include <stdio.h>  // [1-1]標準入出力ヘッダーをインクルードする
#include <stdlib.h> // [1-2]標準ライブラリヘッダーをインクルードする
```

画面を描画する前に、画面をクリアします。

```
// [6-5]画面を描画する関数を宣言する
void DrawScreen()
{
    system("cls");// [6-5-1]画面をクリアする

    ...
}
```

実行すると盤面が正しく描画されますが、連続で描画しているのでちらついてしまいます。これを回避するためにキーボード入力待ち状態にしますが、その前にコンソール入出力ヘッダー<conio.h>をインクルードします。

```
// [1]ヘッダーをインクルードする場所

#include <stdio.h>  // [1-1]標準入出力ヘッダーをインクルードする
#include <stdlib.h> // [1-2]標準ライブラリヘッダーをインクルードする
#include <conio.h>  // [1-4]コンソール入出力ヘッダーをインクルードする
```

画面の描画が終わったら、キーボード入力待ち状態にします。

```
// [6-8-1]置けるマスが選択されるまで無限ループする
while (1)
{
```

```
    DrawScreen();// [6-8-2]画面を描画する関数を呼び出す

    // [6-8-3]入力されたキーによって分岐する
    switch (_getch())
    {
    }
}
```

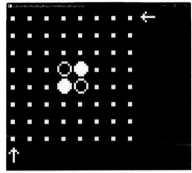

実行すると、ちらつきがやみます。
これで、カーソルの描画ができました。

■画面が正常に描画される

　キーボードが押されたら、wsadキーのどれが押されたかによって分岐し、カーソルを移動させます。

```
// [6-8-3]入力されたキーによって分岐する
switch (_getch())
{
case 'w':                    // [6-8-4]wキーが押されたら
    cursorPosition.y--; // [6-8-5]カーソルを上に移動する
    break;

case 's':                    // [6-8-6]sキーが押されたら
    cursorPosition.y++; // [6-8-7]カーソルを下に移動する
    break;

case 'a':                    // [6-8-8]aキーが押されたら
    cursorPosition.x--; // [6-8-9]カーソルを左に移動する
    break;

case 'd':                    // [6-8-10]dキーが押されたら
    cursorPosition.x++; // [6-8-11]カーソルを右に移動する
    break;
}
```

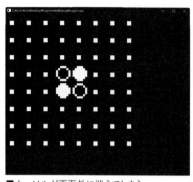

実行するとカーソルが動かせます
が、範囲外を選択するとカーソルが
画面外に消えてしまいます。

■カーソルが画面外に消えてしまう

　これを回避するために、カーソルを上下左右にループ移動させます。ま
ずは列番号を左右にループさせます。

```
// [6-8-1]置けるマスが選択されるまで無限ループする
while (1)
{
    ...

    // [6-8-18]カーソルを左右にループさせる
    cursorPosition.x = (BOARD_WIDTH + cursorPosition.x) % BOARD_WIDTH;
}
```

　実行してカーソルを盤面の左右の外側に移動させようとすると、反対側
にループ移動します。
　行番号も同様に、上下にループ移動させます。

```
// [6-8-1]置けるマスが選択されるまで無限ループする
while (1)
{
    ...

    // [6-8-19]カーソルを上下にループさせる
    cursorPosition.y = (BOARD_HEIGHT + cursorPosition.y) % BOARD_HEIGHT;
}
```

　実行してカーソルを盤面の上下の外側に移動させようとすると、反対側
にループ移動します。これでカーソルの操作ができました。

カーソルの位置を初期化する

　ゲームが起動したときに、最初に石を置くであろう座標の近くにカーソ

ルの位置を初期化しておきます。

```
// [6]関数を宣言する場所
...

// [6-7]ゲームを初期化する関数を宣言する
void Init()
{
    ...

    cursorPosition = { 3,3 };// [6-7-7]カーソルの座標を初期化する

    DrawScreen();// [6-7-8]画面を描画する関数を呼び出す
}
```

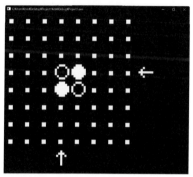

実行すると、カーソルの初期位置が変わります。

■カーソルの位置が初期化される

キーボード入力で石を置く

キーボード入力で、現在のターンのプレイヤーが石を置くと同時にターンを切り替えて、黒と白交互に石を置いていけるようにします。

現在のターンを表示する

ターンの切り替えができているかを確認するために、現在、黒と白どちらのターンかを表示します。まずは現在のターンを保持する変数 turn を宣言します。

```
// [5]変数を宣言する場所
...

int turn;// [5-7]現在のターンを宣言する
```

ゲームを初期化する関数で、ターンを黒で初期化します。

```
// [6-7]ゲームを初期化する関数を宣言する
void Init()
{
    ...

    turn = TURN_BLACK;// [6-7-6]黒のターンで初期化する

    ...
}
```

ターンを表示するために、各ターンの名前の配列 turnNames を宣言します。

```
// [5]変数を宣言する場所

// [5-2]ターンの名前を宣言する
const char* turnNames[] =
{
    "黒",    // TURN_BLACK
    "白"     // TURN_WHITE
};
```

盤面を描画したあとで、現在のターンを知らせるメッセージを表示します。

```
// [6-5]画面を描画する関数を宣言する
void DrawScreen()
{
    ...

    // [6-5-16]ターンを表示する
    printf("%sのターンです¥n", turnNames[turn]);
}
```

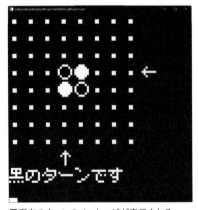

実行すると、現在のターンを知らせるメッセージが表示されます。

■現在のターンのメッセージが表示される

カーソルの座標に石を置く

　カーソルの移動以外のキーが押されたら、カーソルの座標に石が置かれるようにします。石を置くマスを選択する関数 InputPosition のキーボード入力処理で、移動以外のキーが押されたら関数を抜けて、指定された座標を返します。

```
// [6-8-3]入力されたキーによって分岐する
switch (_getch())
{
...

default:// [6-8-12]上記以外のキーが押されたら

    return cursorPosition;// [6-8-14]カーソルの座標を返す

    break;
}
```

　石を置くマスを選択する関数 InputPosition で取得した座標 placePosition に、現在のターンの石 turn を置きます。

```
// [6-9-6]メインループ
while (1)
{
    ...

    // [6-9-30]現在のターンの石を置く
    board[placePosition.y][placePosition.x] = turn;
}
```

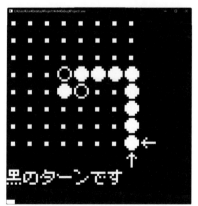

　実行すると、カーソルで指定したマスに現在のターンの石が置かれます。連続して置くことができますが、ターンが切り替わらないので、黒い石しか置けません。

■現在のターンの石が置かれる

石を置いたらターンを切り替える

それでは、石を置いたらターンを黒と白交互に切り替えます。

```
// [6-9-6]メインループ
while (1)
{
    ...

    turn ^= 1;// [6-9-31]ターンを切り替える
}
```

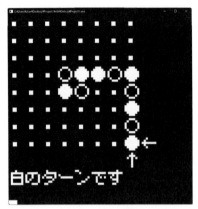

実行すると、石を置くごとにターンが切り替わって黒と白交互に石を置けるようになりますが、リバーシのルール上置いてはいけないマスにも置けてしまいます。

■石を置くごとにターンが切り替わる

石を置けるかどうかの判定を行う

それでは石を置けるかどうかの判定を行い、置けないマスには置けないようにします。

石を置けなかった場合の処理を実装する

指定した座標に石を置けるかどうかの判定処理を記述する関数 CheckCanPlace を宣言します。引数 _color で石の色を、引数 _position で座標を指定します。

```
// [6]関数を宣言する場所

// [6-2]石を置けるかどうかを判定する関数を宣言する
bool CheckCanPlace(
```

```
    int _color,          // 石の色
    VEC2 _position)      // 座標
{
}
...
```

石を置けるかどうかの結果を保持する変数 `canPlace` を宣言し、関数の最後に結果として返します。

```
// [6-2]石を置けるかどうかを判定する関数を宣言する
bool CheckCanPlace(...)
{
    bool canPlace = false;// [6-2-1]置けるかどうかのフラグを宣言する

    return canPlace;// [6-2-24]石を置けるかどうかを返す
}
```

石を置くときに置けるかどうかを判定する関数 `CheckCanPlace` を呼び出し、置ければ指定された座標 `cursorPosition` を返し、置けなければ何もしないように分岐します。

```
// [6-8-3]入力されたキーによって分岐する
switch (_getch())
{
...
default:// [6-8-12]上記以外のキーが押されたら

    // [6-8-13]カーソルの座標に石が置けるかどうか判定する
    if (CheckCanPlace(turn, cursorPosition))
    {
        return cursorPosition;// [6-8-14]カーソルの座標を返す
    }
    // [6-8-15]置けなければ
    else
    {
    }

    break;
}
```

置けなかった場合はメッセージを表示して、キーボード入力待ち状態にします。

```
// [6-8-15]置けなければ
else
{
    // [6-8-16]置かなかったメッセージを表示する
    printf("そこには　置けません");
```

```
    _getch();// [6-8-17]キーボード入力を待つ
}
```

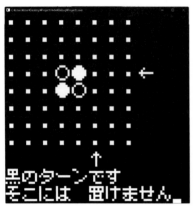

実行して石を置こうとすると、現状では石を置けないという判定にしかならないので、どこに置こうとしても、エラーメッセージが表示されます。これで石が置けなかったときの処理ができました。

■置けないというメッセージが表示される

すでに石が置かれているマスには置けないようにする

石を置けるかどうかを判定する処理を実装していきます。まずは、石がすでに置かれているマスには石を重ねて置けないようにします。もしも指定したマスにすでに別の石が置かれていれば、置けないという結果を返します。

```
// [6-2]石を置けるかどうかを判定する関数を宣言する
bool CheckCanPlace(...)
{
    bool canPlace = false;// [6-2-1]石を置けるかどうかのフラグを宣言する

    // [6-2-2]対象の座標に石が置かれていないか判定する
    if (board[_position.y][_position.x] != TURN_NONE)
    {
        return false;// [6-2-3]石が置かれていたら置けないという結果を返す
    }

    return canPlace;// [6-2-24]石を置けるかどうかを返す
}
```

指定したマスに石を置けるかどうかを判定する

指定したマスに石を置いた場合、すでに置いてある自分の石とで相手の

石を挟めるかどうかをチェックします。チェックは指定した座標の周囲8
方向に行うので、まずは方向の種類を定義します。

```
// [3]列挙定数を定義する場所
...

// [3-2]方向の種類を定義する
enum
{
    DIRECTION_UP,           // [3-2-1]上
    DIRECTION_UP_LEFT,      // [3-2-2]左上
    DIRECTION_LEFT,         // [3-2-3]左
    DIRECTION_DOWN_LEFT,    // [3-2-4]左下
    DIRECTION_DOWN,         // [3-2-5]下
    DIRECTION_DOWN_RIGHT,   // [3-2-6]右下
    DIRECTION_RIGHT,        // [3-2-7]右
    DIRECTION_UP_RIGHT,     // [3-2-8]右上
    DIRECTION_MAX           // [3-2-9]方向の数
};
```

指定した座標を中心としたすべての方向を反復します。

```
// [6-2]石を置けるかどうかを判定する関数を宣言する
bool CheckCanPlace(...)
{
    ...

    // [6-2-5]すべての方向を反復する
    for (int i = 0; i < DIRECTION_MAX; i++)
    {
    }

    return canPlace;// [6-2-24]石を置けるかどうかを返す
}
```

チェックは各方向へ1マスずつ移動しながら行うので、現在チェック中
の座標を保持する変数 currentPosition を宣言します。

```
// [6-2-5]すべての方向を反復する
for (int i = 0; i < DIRECTION_MAX; i++)
{
    // [6-2-6]現在チェック中の座標を宣言する
    VEC2 currentPosition = _position;
}
```

各方向のベクトルの配列 directions を宣言します。

```
// [5]変数を宣言する場所
...
```

```
// [5-4]方向を宣言する
VEC2 directions[DIRECTION_MAX] =
{
    { 0,-1},      // [5-4-1]DIRECTION_UP            上
    {-1,-1},      // [5-4-2]DIRECTION_UP_LEFT       左上
    {-1, 0},      // [5-4-3]DIRECTION_LEFT          左
    {-1, 1},      // [5-4-4]DIRECTION_DOWN_LEFT     左下
    { 0, 1},      // [5-4-5]DIRECTION_DOWN          下
    { 1, 1},      // [5-4-6]DIRECTION_DOWN_RIGHT    右下
    { 1, 0},      // [5-4-7]DIRECTION_RIGHT         右
    { 1,-1}       // [5-4-8]DIRECTION_UP_RIGHT      右上
};
...
```

座標を任意の方向へ移動するために、ベクトルを加算する関数 `VecAdd` を宣言します。引数 `_v0` 、`_v1` を加算したベクトルを返します。

```
// [6]関数を宣言する場所

// [6-1]ベクトルを加算する関数を宣言する
VEC2 VecAdd(VEC2 _v0, VEC2 _v1)
{
    // [6-1-2]加算したベクトルを返す
    return
        {
            _v0.x + _v1.x,
            _v0.y + _v1.y
        };
}
...
```

各方向への反復では、最初に原点から進行方向の隣のマスへ移動します。

```
// [6-2-5]すべての方向を反復する
for (int i = 0; i < DIRECTION_MAX; i++)
{
    ...

    // [6-2-7]隣のマスに移動する
    currentPosition = VecAdd(currentPosition, directions[i]);
}
```

相手の石の色を取得し、変数 `opponent` に設定します。自分が黒(0)であれば相手は白(1)、自分が白(1)であれば相手は(0)となります。

```
// [6-2]石を置けるかどうかを判定する関数を宣言する
bool CheckCanPlace(...)
{
```

```
    ...

    int opponent = _color ^ 1;// [6-2-4]相手の石の色を宣言する

    ...
}
```

　原点の隣の石が相手の石でなければ挟めないことが確定するので、その方向のチェックをスキップします。

```
// [6-2-5]すべての方向を反復する
for (int i = 0; i < DIRECTION_MAX; i++)
{
    ...

    // [6-2-8]相手の石でないか判定する
    if (board[currentPosition.y][currentPosition.x] != opponent)
    {
        // [6-2-9]相手の石でなければ、その方向のチェックを中止する
        continue;
    }
}
```

　相手の石がいくつ並んでいるかは不定なので、無限ループに入ります。

```
// [6-2-5]すべての方向を反復する
for (int i = 0; i < DIRECTION_MAX; i++)
{
    ...

    // [6-2-10]無限ループする
    while (1)
    {
    }
}
```

　ループするごとに進行方向の隣のマスへ移動します。

```
// [6-2-10]無限ループする
while (1)
{
    // [6-2-11]隣のマスに移動する
    currentPosition = VecAdd(currentPosition, directions[i]);
}
```

　盤面の範囲外に出てしまったら挟めなかったことが確定するので、その方向のチェックをスキップします。

```
// [6-2-10]無限ループする
while (1)
```

```
{

    ...

    // [6-2-12]チェックするマスが盤面の範囲内でないか判定する
    if ((currentPosition.x < 0)
        || (currentPosition.x >= BOARD_WIDTH)
        || (currentPosition.y < 0)
        || (currentPosition.y >= BOARD_HEIGHT))
    {
        // [6-2-13]盤面の外側に出てしまったら、現在の方向のチェックを抜ける
        break;
    }
}
```

　そのマスに石が置かれていない場合も挟めなかったことが確定するので、その方向のチェックをスキップします。

```
// [6-2-10]無限ループする
while (1)
{

    ...

    // [6-2-14]チェックするマスに石がないかどうかを判定する
    if (board[currentPosition.y][currentPosition.x] == TURN_NONE)
    {
        break;// [6-2-15]石がなければ、現在の方向のチェックを抜ける
    }
}
```

　自分の石が見つかったら挟めたことが確定するので、対象のマスに石を置けるかどうかのフラグを立てます。

```
// [6-2-10]無限ループする
while (1)
{

    ...

    // [6-2-16]チェックするマスに自分の石があれば
    if (board[currentPosition.y][currentPosition.x] == _color)
    {
        // [6-2-17]石を置けることが確定する
        canPlace = true;
    }
}
```

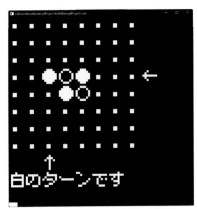

実行すると置けるマスのみに石を置けるようになりますが、ひっくり返しはまだ行われません。

■相手の石を挟めるマスにのみ石を置ける

挟んだ相手の石をひっくり返す

石のひっくり返し処理は、石を置けるかどうかの判定の処理と共通部分が多いので、石を置けるかどうかを判定する関数 CheckCanPlace に機能を追加して行います。

石をひっくり返す処理を追加する

石を置けるかどうかを判定する関数 CheckCanPlace の引数に、石のひっくり返しを行うかどうかのフラグ _turnOver を追加します。

```
// [6-2]石を置けるかどうかを判定する関数を宣言する
// [6-2]石を置けるかどうかの判定、または石をひっくり返す関数を宣言する
bool CheckCanPlace(
    int _color,              // 石の色
    VEC2 _position,          // 座標
    bool _turnOver = false)  // ひっくり返すかどうか
{
    ...
}
```

石を置いたら必ず石のひっくり返しが発生するはずなので、石をひっくり返す関数 CheckCanPlace を呼び出します。

```
// [6-9-6]メインループ
while (1)
{
```

```
    ...

    // [6-9-29]石をひっくり返す
    CheckCanPlace(turn, placePosition, true);

    ...
}
```

石をひっくり返す

　石が置けるかどうかの各方向のチェックで石が置けることが確定したら、ひっくり返しフラグが立っているかどうかを判定します。

```
// [6-2-16]チェックするマスに自分の石があれば
if (board[currentPosition.y][currentPosition.x] == _color)
{
    ...

    // [6-2-18]ひっくり返しフラグが立っているかどうか判定する
    if (_turnOver)
    {
    }
}
```

　ひっくり返しフラグが立っていたら、ひっくり返す座標を保持する変数 reversePosition を宣言し、石を置く座標 _position で初期化します。

```
// [6-2-18]ひっくり返しフラグが立っているかどうか判定する
if (_turnOver)
{
    // [6-2-19]ひっくり返す座標を宣言する
    VEC2 reversePosition = _position;
}
```

　チェックするマスを、チェック中の方向へ1マス移動させます。

```
// [6-2-18]ひっくり返しフラグが立っているかどうか判定する
if (_turnOver)
{
    ...

    // [6-2-20]隣のマスに移動する
    reversePosition = VecAdd(reversePosition, directions[i]);
}
```

　いくつの石を挟んでいるかは不定なので、自分の石に到達するまでループします。

```
// [6-2-18]ひっくり返しフラグが立っているかどうか判定する
if (_turnOver)
{
    ...

    // [6-2-21]現在のターンの石が見つかるまで反復する
    do
    {
    } while (board[reversePosition.y][reversePosition.x] != _color);
}
```

ループの中で、相手の石をひっくり返します。

```
// [6-2-21]現在のターンの石が見つかるまで反復する
do
{
    // [6-2-22]相手の石をひっくり返す
    board[reversePosition.y][reversePosition.x] = _color;

} while (board[reversePosition.y][reversePosition.x] != _color);
```

ひっくり返すごとに、隣のマスへ移動します。

```
// [6-2-21]現在のターンの石が見つかるまで反復する
do
{
    ...

    // [6-2-23]隣のマスに移動する
    reversePosition = VecAdd(reversePosition, directions[i]);

} while (board[reversePosition.y][reversePosition.x] != _color);
```

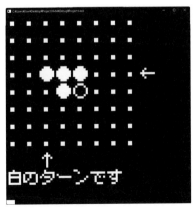

実行して石を置けるマスに石を置くと、相手の石をひっくり返せるようになります。しかしこのままゲームを進行して、どこにも石を置けなくなると、ゲームが進行不可能になってしまいます。

■相手の石をひっくり返す

どこにも石を置けない場合はパスする

どこにも置けない場合は、パスして相手にターンが回るようにします。

石を置ける場所があるかどうか判定する関数を作成する

まず盤面のすべてのマスをチェックし、石を置けるマスが1つでもあるかどうかを判定する関数 CheckCanPlaceAll を宣言します。

```
// [6]関数を宣言する場所

// [6-3]盤面上に石を置けるマスがあるかどうか判定する関数を宣言する
bool CheckCanPlaceAll(int _color)
{
    return false;// [6-3-6]石を置けるマスがないという結果を返す
}
```

盤面のすべてのマスを反復し、判定する各マスの座標を保持する変数 position を宣言します。

```
// [6-3]盤面上に石を置けるマスがあるかどうか判定する関数を宣言する
bool CheckCanPlaceAll(int _color)
{
    // [6-3-1]盤面のすべての行を反復する
    for(int y=0;y<BOARD_HEIGHT;y++)
    {
        // [6-3-2]盤面のすべての列を反復する
        for (int x = 0; x < BOARD_WIDTH; x++)
        {
            // [6-3-3]判定する座標を宣言する
            VEC2 position = { x,y };
        }
    }

    return false;// [6-3-6]石を置けるマスがないという結果を返す
}
```

対象のマスに石を置けるかどうかを判定し、置けるマスが見つかったら「石を置けるマスがある」という結果を返します。

```
// [6-3-2]盤面のすべての列を反復する
for (int x = 0; x < BOARD_WIDTH; x++)
{
    ...

    // [6-3-4]対象の座標に石を置けるかどうか判定する
    if (CheckCanPlace(
```

```
        _color,      // int _color        石の色
        position))   // VEC2 _position    座標
    {
        return true;// [6-3-5]石を置けるマスがあるという結果を返す
    }
}
```

これで、石を置けるマスがあるかどうかを判定する関数ができました。

どこにも石を置けなければパスする

石を置く前に、石を置けるマスがあるかどうかを判定します。

```
// [6-9-6]メインループ
while (1)
{
    // [6-9-7]置けるマスがないかどうかを判定する
    if (!CheckCanPlaceAll(turn))
    {
    }

    ...
}
```

石を置けるマスがなければ、相手にターンを回してこのあとの処理をスキップします。

```
// [6-9-7]置けるマスがないかどうかを判定する
if (!CheckCanPlaceAll(turn))
{
    turn ^= 1;// [6-9-8]ターンを切り替える

    continue;// [6-9-15]相手のターンへスキップする
}
```

実行してどこにも石を置けない状況になったらパスして相手にターンが回るようになりますが、相手も石を置けない場合はゲームが進行不能になってしまいます。

勝敗の結果を表示する

両者石を置けない状況になったら、結果を表示してゲームを終了させます。

結果の表示へ遷移する

自分がターンをパスして相手にターンを回したときに、相手が石を置けるかどうかを判定します。相手が石を置けるのであれば相手にターンを回しますが、相手も石を置けなければゲームを終了して、結果を表示する処理に分岐します。

```
// [6-9-7]置けるマスがないかどうかを判定する
if (!CheckCanPlaceAll(turn))
{
    turn ^= 1;// [6-9-8]ターンを切り替える

    // [6-9-9]置けるマスがないどうかを判定する
    if (!CheckCanPlaceAll(turn))
    {
    }

    // [6-9-14]相手に置けるマスがあれば
    else
    {
        continue;// [6-9-15]相手のターンへスキップする
    }
}
```

両者石を置けなければ、どちらのターンでもなく、決着が付いたことにします。

```
// [6-9-9]置けるマスがないどうかを判定する
if (!CheckCanPlaceAll(turn))
{
    turn = TURN_NONE;// [6-9-10]決着が付いたことにする
}
```

画面を再描画して、キーボード入力待ち状態にします。決着が付いている場合は、画面を描画する関数内で結果を表示します。

```
// [6-9-9]置けるマスがないどうかを判定する
if (!CheckCanPlaceAll(turn))
{
    turn = TURN_NONE;// [6-9-10]決着が付いたことにする

    DrawScreen();// [6-9-11]画面を描画する関数を呼び出す
```

```
    _getch();// [6-9-12]キーボード入力を待つ
}
```

　画面を描画する関数でターンを知らせるメッセージを表示する前に、決着が付いているかどうかで分岐します。

```
// [6-5]画面を描画する関数を宣言する
void DrawScreen()
{
    ...

    // [6-5-15]決着が付いていないかどうかを判定する
    if (turn != TURN_NONE)
    {
        // [6-5-16]ターンを表示する
        printf("%sのターンです¥n", turnNames[turn]);
    }
    // [6-5-17]決着が付いたなら
    else
    {
    }
}
```

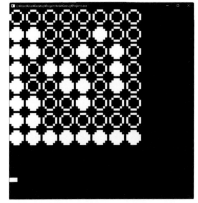

　実行して双方が石を置けなくなるまでゲームを進めると、ターンが表示されなくなります。これで決着が付いたかどうかの判定ができました。

■結果の表示に遷移する

勝敗を判定して結果を表示する

　両者の石の数を数えて、勝敗を判定します。まずは、任意の色の石の数を数える処理を記述する関数 GetDiskCount を宣言します。引数 _color で、どちらの石を数えるかを指定します。

```
// [6]関数を宣言する場所
...

// [6-4]任意の石の数を数える関数を宣言する
int GetDiskCount(int _color)
{
}

...
```

　数える石の数を保持する変数 `count` を宣言して、関数 `GetDiskCount` の最後に結果として返します。

```
// [6-4]任意の石の数を数える関数を宣言する
int GetDiskCount(int _color)
{
    int count = 0;// [6-4-1]数える石の数を保持する変数を宣言する

    return count;// [6-4-6]数えた石の数を返す
}
```

　盤面のすべてのマスを反復し、対象の色の石が見つかったら石の数 `count` を加算します。

```
// [6-4]任意の石の数を数える関数を宣言する
int GetDiskCount(int _color)
{
    int count = 0;// [6-4-1]数える石の数を保持する変数を宣言する

    // [6-4-2]盤面のすべての行を反復する
    for (int y = 0; y < BOARD_HEIGHT; y++)
    {
        // [6-4-3]盤面のすべての列を反復する
        for (int x = 0; x < BOARD_WIDTH; x++)
        {
            // [6-4-4]対象のマスに、対象の石があるかどうかを判定する
            if (board[y][x] == _color)
            {
                count++;// [6-4-5]石の数を加算する
            }
        }
    }

    return count;// [6-4-6]数えた石の数を返す
}
```

　これで石の数を数える関数 `GetDiskCount` ができました。

　それでは決着が付いたら、石の数を数える関数 `GetDiskCount` を使って双方の石の数を取得して、変数 `blackCount`、`whiteCount` に設定します。

```
// [6-5-17]決着が付いたなら
else
{
    // [6-5-18]黒い石の数を宣言する
    int blackCount = GetDiskCount(TURN_BLACK);

    // [6-5-19]白い石の数を宣言する
    int whiteCount = GetDiskCount(TURN_WHITE);
}
```

　勝者を保持する変数 `winner` を宣言し、双方の石の数を比べて勝者を判定します。優劣が付かなければ引き分け（ `TURN_NONE` ）です。

```
// [6-5-17]決着が付いたなら
else
{
    ...

    // [6-5-20]勝者を保持する変数を宣言する
    int winner;

    // [6-5-21]勝者を判定する
    if (blackCount > whiteCount)            // [6-5-22]黒のほうが多ければ
    {
        winner = TURN_BLACK;                // [6-5-23]黒の勝ち
    }
    else if (whiteCount > blackCount)       // [6-5-24]白のほうが多ければ
    {
        winner = TURN_WHITE;                // [6-5-25]白の勝ち
    }
    else                                    // [6-5-26]同じ数なら
    {
        winner = TURN_NONE;                 // [6-5-27]引き分け
    }
}
```

　いずれの結果でも双方の石の数を表示します。

```
// [6-5-17]決着が付いたなら
else
{
    ...

    // [6-5-28]両者の石の数を表示する
    printf("%s%d―%s%d  ",
        turnNames[TURN_BLACK],        // 黒の名前
        GetDiskCount(TURN_BLACK),     // 黒の石の数
        turnNames[TURN_WHITE],        // 白の名前
        GetDiskCount(TURN_WHITE));    // 白の石の数
}
```

実行して決着を付けると、双方の石の数が表示されます。

■両者の石の数が表示される

次に勝者を表示します。優劣が付かなければ引き分け、優劣が付いたなら勝者を表示します。

```
// [6-5-17]決着が付いたなら
else
{
    ...

    // [6-5-29]引き分けかどうか判定する
    if (winner == TURN_NONE)
    {
        printf("引き分け¥n");// [6-5-30]引き分けメッセージを表示する
    }
    else// [6-5-31]優劣が付いたなら
    {
        // [6-5-32]勝者を表示する
        printf("%sの勝ち¥n", turnNames[winner]);
    }
}
```

実行してゲームの終了まで進めると、今度は勝者も表示されますが、ゲームが終了しません。

■勝者が表示される

　ゲームが終了したら、初期状態にリセットします。まずゲームの初期化前に、ジャンプ先のラベル start を追加します。

```
// [6-9]プログラム実行の開始点
int main()
{
start:  // [6-9-2]開始ラベル
    ;   // [6-9-3]空文

    ...
}
```

　結果表示中にキーを押したら、初期化前のラベル start にジャンプします。

```
// [6-9-9]置けるマスがないどうかを判定する
if (!CheckCanPlaceAll(turn))
{
    ...

    goto start;// [6-9-13]開始ラベルにジャンプする
}
```

　実行して結果表示中にキーボードを押すと、ゲーム開始時の状態にリセットされます。これで2人対戦専用リバーシが完成しました。

ゲームモードの選択画面を作成する

　1人でも遊べるよう、コンピュータとの対戦モードを追加します。まずはモードの選択画面を追加します。

　モードを選択する処理を記述する関数 SelectMode を宣言します。

```
// [6-6]モード選択画面の関数を宣言する
void SelectMode()
{
}
```

　ゲームを初期化する前に、モードを選択する関数 SelectMode を呼び出します。

```
// [6-9]プログラム実行の開始点を宣言する
int main()
{
    ...

    SelectMode();// [6-9-4]モードを選択する関数を呼び出す

    ...
}
```

　モード選択処理はモードが決定されるまで続くので、無限ループに入ります。

```
// [6-6]モード選択画面の関数を宣言する
void SelectMode()
{
    // [6-6-2]無限ループする
    while (1)
    {
    }
}
```

　ループするごとに画面をクリアし、モードの選択を促すメッセージを表示して、このあとの表示のために2行空けておきます。

```
// [6-6-2]無限ループする
while (1)
{
    system("cls");// [6-6-3]画面をクリアする

    // [6-6-4]メッセージを表示する
    printf("モードを　選択して¥nください¥n");

    printf("¥n¥n");// [6-6-5]2行空ける
}
```

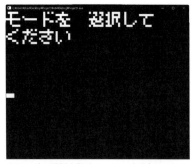

　実行するとモード選択を促すメッセージが表示されますが、連続で描画しているので、画面がちらついてしまいます。

■モードの選択を促すメッセージが表示される

画面の連続描画を回避するために、描画が終わったらキーボード入力待ち状態にします。

```
// [6-6-2]無限ループする
while (1)
{
    ...

    // [6-6-10]入力されたキーで分岐する
    switch (_getch())
    {
    }
}
```

実行すると、画面のちらつきがやみます。

ゲームモードを一覧表示する

選択可能なモードの一覧を表示します。まず、モードの種類を定義します。

```
// [3]列挙定数を定義する場所
...

// [3-3]ゲームモードの種類を定義する
enum
{
    MODE_1P,    // [3-3-1]AIと対戦するモード
    MODE_2P,    // [3-3-2]人間どうしの対戦モード
    MODE_MAX    // [3-3-4]モードの数
};
```

モードの名前の配列 modeNames を宣言します。

```
// [5]変数を宣言する場所
...

// [5-3]モードの名前を宣言する
const char* modeNames[] =
{
    "1P  GAME",    // [5-3-1]MODE_1P   AIと対戦するモード
    "2P  GAME",    // [5-3-2]MODE_2P   人間どうしの対戦モード
};
```

モード選択中にすべてのモードを反復し、モードを一覧表示します。

```
// [6-6-2]無限ループする
while (1)
{
    ...
```

```
// [6-6-6]すべてのモードを反復する
for (int i = 0; i < MODE_MAX; i++)
{
    printf("%s¥n", modeNames[i]);// [6-6-8]モードの名前を描画する

    printf("¥n");// [6-6-9]1行空ける
}

...
}
```

実行すると、モードの一覧が表示されます。

■モードの一覧が表示される

ゲームモードをキーボード入力で選択する

モードを選択するカーソルを作成します。

カーソルを表示する

現在選択されているモードを保持する変数 mode を宣言します。

```
// [5]変数を宣言する場所
...

int mode;// [5-8]現在のゲームモードを宣言する
```

ゲームのモードを選択する関数 SelectMode に入ったら、ゲームモード mode を初期化します。

```
// [6-6]モード選択画面の関数を宣言する
void SelectMode()
{
    mode = MODE_1P;// [6-6-1]ゲームモードを初期化する
```

```
        ...
}
```

各モードの名前を表示する前に、選択中のモードにはカーソル「 > 」を、それ以外には全角スペース「　　」を表示します。

```
// [6-6-6]すべてのモードを反復する
for (int i = 0; i < MODE_MAX; i++)
{
    // [6-6-7]現在のモードにはカーソルを、それ以外にはスペースを描画する
    printf("%s ", (i == mode) ? ">" : "  ");

    ...
}
```

実行すると、選択中のモードにカーソルが表示されます。

■カーソルが表示される

キーボード入力で選択を切り替える

キーボードの入力処理で、Ｗキーでカーソルを上に、Ｓキーで下に移動するようにします。

```
// [6-6-10]入力されたキーで分岐する
switch (_getch())
{
case 'w':   // [6-6-11]wキーが押されたら
    mode--; // [6-6-12]前のモードに切り替える
    break;

case 's':   // [6-6-13]sキーが押されたら
    mode++; // [6-6-14]次のモードに切り替える
    break;
}
```

実行するとカーソルが動きますが、範囲外を選択するとカーソルが消えてしまいます。

■選択を切り替える

それでは、カーソルの選択が範囲内でループするようにします。

```
// [6-6-2]無限ループする
while (1)
{
    ...

    // [6-6-25]カーソルを上下にループさせる
    mode = (MODE_MAX + mode) % MODE_MAX;
}
```

実行してモードの範囲外を選択しようとすると、カーソルが上下にループするようになります。これで、カーソルの操作ができました。

選択を決定してモード選択画面を抜ける

モードを決定できるようにします。カーソルの操作以外のキーが押されたら関数 SelectMode を抜けます。

```
// [6-6-10]入力されたキーで分岐する
switch (_getch())
{
...

default:// [6-6-15]その他のキーが押されたら
    return;// [6-6-24]モード選択を抜ける
}
```

実行してモード選択画面でキーボードを押すとゲームが開始されますが、どのモードを選んでも2P対戦モードのままです。

モードごとにAIの担当を設定する

　1Pモードを実装します。2Pモードでは1Pと2P両者がプレイヤーの担当でしたが、1Pモードでは2PをAIの担当にします。そこで、プレイヤーとAIの処理を分岐させるために、それぞれのターンの担当がプレイヤーかAIかを判定する必要があります。まずは、それぞれのターンがプレイヤーの担当かどうかのフラグを保持する配列 `isPlayer` を宣言します。

```
// [5]変数を宣言する場所
...

bool isPlayer[TURN_MAX];// [5-9]各ターンがプレイヤーかどうかを宣言する
```

　モードが決定されたら、選択されたモードによって分岐します。

```
// [6-6-10]入力されたキーで分岐する
switch (_getch())
{
...
default:// [6-6-15]その他のキーが押されたら

    // [6-6-16]選択されたモードで分岐する
    switch (mode)
    {
    case MODE_1P:    // [6-6-17]AIと対戦するモードなら
        break;

    case MODE_2P:    // [6-6-20]人間どうしの対戦モードなら
        break;
    }

    return;// [6-6-24]モード選択を抜ける
}
```

　1Pモードでは黒はプレイヤーの担当とし、白はプレイヤーの担当ではないとします。

```
// [6-6-16]選択されたモードで分岐する
switch (mode)
{
case MODE_1P:    // [6-6-17]AIと対戦するモードなら

    isPlayer[TURN_BLACK] = true;    // [6-6-18]黒をプレイヤーにする
    isPlayer[TURN_WHITE] = false;   // [6-6-19]白をプレイヤーにしない

    break;

...
```

```
}
```

2Pモードでは両者がプレイヤーの担当なので、両者がプレイヤーの担当
とします。

```
// [6-6-16]選択されたモードで分岐する
switch (mode)
{
...

case MODE_2P:    // [6-6-20]人間どうしの対戦モードなら

    // [6-6-21]両者をプレイヤーの担当にする
    isPlayer[TURN_BLACK] = isPlayer[TURN_WHITE] = true;

    break;
}
```

これで、各モードのAIの設定ができました。

石を置くマスを自動で判断するAIを実装する

1Pモードのプレイヤーの対戦相手となるAIを実装します。置けるマスの
中からランダムで置くようにします。

AIの処理に遷移する

石を置くときに、現在のターンがプレイヤーの担当かどうかで分岐しま
す。プレイヤーの担当なら従来どおりに石を置きますが、そうでなければ
AIの処理へ分岐します。

```
// [6-9-6]メインループ
while (1)
{
    ...

    // [6-9-17]現在のターンの担当がプレイヤーかどうかを判定する
    if (isPlayer[turn])
    {
        // [6-9-18]石を置くマスを選択する関数を呼び出す
        placePosition = InputPosition();
    }
    // [6-9-19]現在のターンの担当がプレイヤーでないなら
    else
    {
```

```
    }
    ...
}
```

　実行して1Pモードを選択して黒のプレイヤーが石を置くと、黒い石が白い石になってしまいます。これは、黒い石を置いた直後に白のターンに切り替わり、AIが選択中のマスに白い石を無条件で置いてしまうからです。

　次に、AIの担当であれば画面を再描画してキーボード入力待ち状態にします。

```
// [6-9-19]現在のターンの担当がプレイヤーでないなら
else
{
    DrawScreen();// [6-9-20]盤面を描画する関数を呼び出す

    _getch();// [6-9-21]キーボード入力を待つ
}
```

置けるマスのリストを作成する

　次に、白のAIが石を置ける場所にのみ石を置くようにします。そのために、石を置ける場所をリストアップする必要があります。まずは石を置ける座標のリストを管理するために、ベクターヘッダー<vector>をインクルードします。

```
// [1]ヘッダーをインクルードする場所
...
#include <vector>    // [1-5]ベクターヘッダーをインクルードする
```

　AIが石を置くときに、石を置ける座標のリストを保持する動的配列の変数 positions を宣言します。

```
// [6-9-19]現在のターンの担当がプレイヤーでないなら
else
{
    ...

    // [6-9-22]置ける座標を保持するベクターを宣言する
    std::vector<VEC2> positions;
}
```

　盤面のすべてのマスを反復し、それぞれのマスの座標を保持する変数 position を宣言します。

```
// [6-9-19]現在のターンの担当がプレイヤーでないなら
else
{
    ...

    // [6-9-23]盤面のすべての行を反復する
    for (int y = 0; y < BOARD_HEIGHT; y++)
    {
        // [6-9-24]盤面のすべての列を反復する
        for (int x = 0; x < BOARD_WIDTH; x++)
        {
            // [6-9-25]対象のマスの座標を宣言する
            VEC2 position = { x, y };
        }
    }
}
```

　対象のマスに石を置けるかどうかを判定し、置けるならリストに追加します。

```
// [6-9-24]盤面のすべての列を反復する
for (int x = 0; x < BOARD_WIDTH; x++)
{
    ...

    // [6-9-26]対象の座標に石を置けるかどうか判定する
    if (CheckCanPlace(turn, position))
    {
        // [6-9-27]置ける座標のリストに対象の座標を追加する
        positions.push_back(position);
    }
}
```

　これで、石を置けるマスのリストができました。

置ける場所の中からランダムで置く

　作成した置けるマスのリストの中からランダムで置く場所を決定するようにします。まずは乱数のシードに使用する現在の時刻を取得するために、時間管理ヘッダー<time.h>をインクルードします。

```
// [1]ヘッダーをインクルードする場所
...
#include <time.h>    // [1-3]時間管理ヘッダーをインクルードする
...
```

　main() 関数に入った直後に、現在の時刻をシードとして乱数をシャッフルします。

```
// [6-9]プログラム実行の開始点を宣言する
int main()
{
    srand((unsigned int)time(NULL));// [6-9-1]乱数をシャッフルする

    ...
}
```

　AIが置けるマスのリストを作成したあとで、置くマスをリストの中から
ランダムで決定します。

```
// [6-9-19]現在のターンの担当がプレイヤーでないなら
else
{
    ...

    // [6-9-28]置ける場所をランダムに取得する
    placePosition = positions[rand() % positions.size()];
}
```

　実行すると、白のAIが置けるマスの中からランダムで石を置くようになり
ます。しかしAIのターンでもカーソルが表示されるのはわかりづらいです。

AIのターンではカーソルを消す

　AIのターンではカーソルが表示されないようにします。まず、カーソル
の行を指す左矢印を表示する前に、現在のターンの担当がプレイヤーかど
うかを判定します。

```
// [6-5-2]すべての行を反復する
for (int y = 0; y < BOARD_HEIGHT; y++)
{
    ...

    // [6-5-5]プレイヤーの担当かどうかを判定する
    if (isPlayer[turn])
    {
        // [6-5-6]対象の行がカーソルと同じ行かどうかを判定する
        if (y == cursorPosition.y)
        {
            printf("←");// [6-5-7]カーソルを描画する
        }
    }

    printf("¥n");// [6-5-8]行の描画の最後に改行する
}
```

　実行すると、AIのターンではカーソルの行を指す左矢印は表示されなく

なります。

　次に、カーソルの列を指す矢印を表示する前でも、現在のターンの担当がプレイヤーかどうかを判定します。

```
// [6-5]画面を描画する関数を宣言する
void DrawScreen()
{
    ...

    // [6-5-9]プレイヤーの担当かどうかを判定する
    if (isPlayer[turn])
    {
        // [6-5-10]盤面の列の数だけ反復する
        for (int x = 0; x < BOARD_WIDTH; x++)
        {
            ...
        }
    }
    ...
}
```

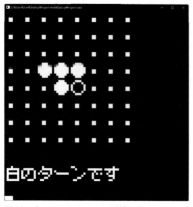

■AIのターンではカーソルが消える

　実行すると、AIのターンではカーソルの列を指す上矢印も表示されなくなります。AIのターンでカーソルが表示されなくなり、現在どちらのターンかが明確になりました。これで1Pモードも完成です。

AIどうしの対戦による観戦モードを追加する

最後に、黒と白の両方をAIに設定し、AIどうしで対戦する観戦モードを追加します。まずは、モードの種類に観戦モード MODE_WATCH を追加します。

```
// [3-3]ゲームモードの種類を定義する
enum
{
    MODE_1P,    // [3-3-1]AIと対戦するモード
    MODE_2P,    // [3-3-2]人間どうしの対戦モード
    MODE_WATCH, // [3-3-3]AI間どうし対決の観戦モード
    MODE_MAX    // [3-3-4]モードの数
};
```

モードの名前の宣言で、観戦モードの名前を追加します。

```
// [5-3]モードの名前を宣言する
const char* modeNames[] =
{
    "1P GAME",  // [5-3-1]MODE_1P      AIと対戦するモード
    "2P GAME",  // [5-3-2]MODE_2P      人間どうしの対戦モード
    "WATCH"     // [5-3-3]MODE_WATCH   AI間どうし対決の観戦モード
};
```

実行すると、観戦モードが追加されて観戦モードを選択可能になります。

■観戦モードが追加される

ゲームモード mode で分岐するときに、観戦モード MODE_WATCH に分岐するようにします。

```
// [6-6-16]選択されたモードで分岐する
switch (mode)
{
```

```
...

case MODE_WATCH:      // [6-6-22]AIどうし対決の観戦モードなら
    break;
}
```

　観戦モードのAIの担当を設定するときに、黒と白両者の担当がプレイヤーではないと設定します。

```
// [6-6-16]選択されたモードで分岐する
switch (mode)
{
...

case MODE_WATCH:      // [6-6-22]AIどうし対決の観戦モードなら

    // [6-6-23]両者をプレイヤーの担当にしない
    isPlayer[TURN_BLACK] = isPlayer[TURN_WHITE] = false;

    break;
}
```

　実行して観戦モードを選択すると、AIどうしの対戦が自動的に進行し、ゲームが終了するとモード選択画面に戻ります。

　おめでとうございます！ 各種モードも搭載したリバーシが完成しました。現状のAIはランダムに石を置くだけで弱いですが、どこに置くのが有利かを判定するAIの作成に挑戦してみるのもおもしろいでしょう。

第 **4** 章

落ち物パズルゲームを作成する

落ちてくるブロックをそろえて消すリアルタイムパズル

パズルゲームの定番、落ち物パズル

■本章のゲームの画面

落ち物パズルは、1984年に旧ソ連の科学者アレクセイ・パジトノフ氏によって開発され、世界的に大ヒットした『テトリス』から始まり、『ぷよぷよ』などさまざまな派生系が生まれ、今でも遊ばれているゲームジャンルです。

本章では、オーソドックスな落ち物パズルゲームを作成します。落下してくるブロックを隙間なく詰めていき、横に隙間なくそろえると、そのラインのブロックが消える、というルールです。

プログラムの基本構造を作成する

プログラムのベース部分を作成する

最初に、ソースファイルのどこに何を記述するかを、コメントとして記述しておきます。

```
// [1]ヘッダーをインクルードする場所

// [2]定数を定義する場所

// [3]列挙定数を定義する場所

// [4]構造体を宣言する場所

// [5]変数を宣言する場所

// [6]関数を宣言する場所
```

プログラムの実行開始点の `main()` 関数を宣言します。

```
// [6]関数を宣言する場所

// [6-8]プログラム実行の開始点を宣言する
int main()
{
}
```

実行するとウィンドウが一瞬表示されて終了してしまうので、プログラムを続行するためにメインループを追加します。

```
// [6-8]プログラム実行の開始点を宣言する
int main()
{
    // [6-8-4]メインループ
    while (1)
    {
    }
}
```

実行すると、今度はプログラムが続行するようになります。

コンソールの設定

コンソールのプロパティは、フォントのサイズを36、画面バッファーとウィンドウの幅を26、高さを19に設定します。

■フォントの設定

■レイアウトの設定

フィールドを作成する

フィールド描画する前に、フィールドの状態を保持するバッファーを生成し、初期化する必要があります。

ゲームを初期化する関数を追加する

ゲームの初期化の処理を記述する関数 Init を宣言します。

```
// [6]関数を宣言する場所

...

// [6-6]ゲームを初期化する関数を宣言する
void Init()
{
}
```

ゲームを初期化する関数 Init を、メインループに入る前に呼び出します。

```
// [6-8]プログラム実行の開始点を宣言する
int main()
{
    // [6-8-2]ゲームを初期化する関数を呼び出す
    Init();

    ...
}
```

これで、ゲームが起動するときに初期化が行われるようになります。

画面を描画する関数を追加する

ゲーム画面を描画する処理を記述する関数 DrawScreen を宣言します。

```
// [6]関数を宣言する場所

// [6-3]画面を描画する関数を宣言する
void DrawScreen()
{
}

...
```

画面を描画する関数 DrawScreen を、ゲームを初期化する関数 Init から呼び出します。

```
// [6-6]ゲームを初期化する関数を宣言する
void Init()
{
    DrawScreen();// [6-6-3]画面を描画する関数を呼び出す
}
```

これで、ゲームが起動するときに画面が描画されます。

フィールドのデータを作成する

描画するフィールドのデータを用意するために、まずはサイズを定義する必要があります。フィールドの幅と高さのマクロ FIELD_WIDTH、FIELD_HEIGHT を定義します。この値を変えるだけで、フィールドのサイズが変わります[注1]。

```
// [2]定数を定義する場所

#define FIELD_WIDTH      (12)    // [2-1]フィールドの幅を定義する
#define FIELD_HEIGHT     (18)    // [2-2]フィールドの高さを定義する
```

ブロックの種類を定義します。ブロックがないマスは BLOCK_NONE (0)、消せないブロックがあるマスは BLOCK_HARD (1) とします。

```
// [3]列挙定数を定義する場所

// [3-1]ブロックの種類を定義する
enum
{
    BLOCK_NONE, // [3-1-1]ブロックなし
    BLOCK_HARD, // [3-1-2]消せないブロック
    BLOCK_MAX   // [3-1-5]ブロックの種類の数
};
```

フィールドの各マスの状態を保持する配列 field を宣言します。

```
// [5]変数を宣言する場所

// [5-2]フィールドを宣言する
int field[FIELD_HEIGHT][FIELD_WIDTH];
```

フィールドの初期状態を保持する配列 defaultField を宣言します。各マスの値 0 はブロックがないマス BLOCK_NONE、1 は消せないブロックがあるマスの BLOCK_HARD です。本章のゲームでは底の部分を丸みを帯びた形状にしますが、フィールドの左右と底が消せないブロックで囲まれてさえ

注1 正常に表示するためには、コンソールのサイズの変更も必要です。

いれば、違う形状でも問題ありません。

```
// [5]変数を宣言する場所
...

// [5-3]フィールドの初期状態を宣言する
int defaultField[FIELD_HEIGHT][FIELD_WIDTH] =
{
    {1,0,0,0,0,0,0,0,0,0,0,1},
    {1,0,0,0,0,0,0,0,0,0,0,1},
    {1,0,0,0,0,0,0,0,0,0,0,1},
    {1,0,0,0,0,0,0,0,0,0,0,1},
    {1,0,0,0,0,0,0,0,0,0,0,1},
    {1,0,0,0,0,0,0,0,0,0,0,1},
    {1,0,0,0,0,0,0,0,0,0,0,1},
    {1,0,0,0,0,0,0,0,0,0,0,1},
    {1,0,0,0,0,0,0,0,0,0,0,1},
    {1,0,0,0,0,0,0,0,0,0,0,1},
    {1,1,0,0,0,0,0,0,0,0,1,1},
    {1,1,0,0,0,0,0,0,0,0,1,1},
    {1,1,0,0,0,0,0,0,0,0,1,1},
    {1,1,0,0,0,0,0,0,0,0,1,1},
    {1,1,1,0,0,0,0,0,0,1,1,1},
    {1,1,1,0,0,0,0,0,0,1,1,1},
    {1,1,1,1,0,0,0,0,1,1,1,1},
    {1,1,1,1,1,1,1,1,1,1,1,1}
};
```

これでフィールドの描画に必要なデータがそろいました。

フィールドを描画する

フィールド関連のデータをコピーするために、文字列操作ヘッダー<string.h>をインクルードします。

```
// [1]ヘッダーをインクルードする場所

#include <string.h> // [1-3]文字列操作ヘッダーをインクルードする
```

ゲームを初期化するときに、フィールドのデータ field に初期状態 defaultField をコピーしておきます。

```
// [6-6]ゲームを初期化する関数を宣言する
void Init()
{
    // [6-6-1]フィールドに初期状態をコピーする
    memcpy(field, defaultField, sizeof field);

    DrawScreen();// [6-6-3]画面を描画する関数を呼び出す
```

```
}
```

フィールドと落下ブロックを重ねて描画するために、画面バッファーの配列 screen を宣言します。

```
// [6-3]画面を描画する関数を宣言する
void DrawScreen()
{
    // [6-3-1]画面バッファーを宣言する
    int screen[FIELD_HEIGHT][FIELD_WIDTH];
}
```

フィールドを描画する前に、フィールド field を画面バッファー screen にコピーします。

```
// [6-3]画面を描画する関数を宣言する
void DrawScreen()
{
    ...

    // [6-3-2]フィールドを画面バッファーにコピーする
    memcpy(screen, field, sizeof field);
}
```

コンソールに文字列を出力するために、標準入出力ヘッダー<stdio.h>をインクルードします。

```
// [1]ヘッダーをインクルードする場所

#include <stdio.h>  // [1-1]標準入出力ヘッダーをインクルードする
#include <string.h> // [1-3]文字列操作ヘッダーをインクルードする
```

画面を描画する処理で、画面バッファーのすべてのマスを反復します。

```
// [6-3]画面を描画する関数を宣言する
void DrawScreen()
{
    ...

    // [6-3-8]フィールドのすべての行を反復する
    for (int y = 0; y < FIELD_HEIGHT; y++)
    {
        // [6-3-9]フィールドのすべての列を反復する
        for (int x = 0; x < FIELD_WIDTH; x++)
        {
        }
    }
}
```

```
// [6-3-9]フィールドのすべての列を反復する
for (int x = 0; x < FIELD_WIDTH; x++)
{
    // [6-3-10]ブロックの種類で分岐する
    switch (screen[y][x])
    {
    case BLOCK_NONE: printf(" ");      break;// [6-3-11]ブロックなし
    case BLOCK_HARD: printf("+");      break;// [6-3-12]消せないブロック
    }
}
```

実行すると、フィールドがずれて
描画されてしまいます。

■フィールドがずれてしまう

それでは、1行描画するごとに改行します。

```
// [6-3-8]フィールドのすべての行を反復する
for (int y = 0; y < FIELD_HEIGHT; y++)
{
    ...

    printf("\n");// [6-3-15]改行する
}
```

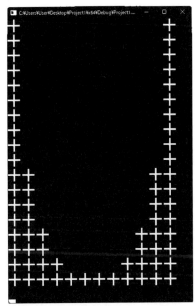

実行すると、今度はフィールドが正常に描画されます。

■フィールドが正常に描画される

落下ブロックを追加する

フィールドの上から落下してくるブロックを追加します。

落下ブロックの種類を定義する

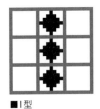

■I型

■L型

本章のゲームでは、I型とL型の2種類の落下ブロックを使用します。

落下ブロックの種類を定義します。種類を追加したい場合は、落下ブロックの種類の数 BLOCK_SHAPE_MAX の前に挿入します。

```
// [3]列挙定数を定義する場所
...

// [3-2]落下ブロックの種類を定義する
enum
{
    BLOCK_SHAPE_I,   // [3-2-1]I型
    BLOCK_SHAPE_L,   // [3-2-2]L型
    BLOCK_SHAPE_MAX  // [3-2-3]落下ブロックの種類の数
};
```

落下ブロックの形状を定義する

　落下ブロックのデータ作成するために、落下ブロックの最大の幅と高さのマクロ BLOCK_WIDTH_MAX 、BLOCK_HEIGHT_MAX を定義します。

```
// [2]定数を定義する場所
...

#define BLOCK_WIDTH_MAX    (4) // [2-3]ブロックの最大幅を定義する
#define BLOCK_HEIGHT_MAX   (4) // [2-4]ブロックの最大高さを定義する
```

　落下ブロックの形状に関するデータを、種類ごとにまとめておく構造体 BLOCKSHAPE を宣言します。メンバー変数の size は幅と高さ、pattern は形状データです。

```
// [4]構造体を宣言する場所

// [4-1]落下ブロックの形状の構造体を宣言する
typedef struct {
    int size;                                      // [4-1-1]幅と高さ
    bool pattern[BLOCK_HEIGHT_MAX][BLOCK_WIDTH_MAX]; // [4-1-2]形状
} BLOCKSHAPE;
```

　落下ブロックデータの配列 blockShapes を宣言します。

```
// [5]変数を宣言する場所

// [5-1]落下ブロックの形状を宣言する
const BLOCKSHAPE blockShapes[BLOCK_SHAPE_MAX] =
{
    // [5-1-1]BLOCK_SHAPE_I I型
    {
        3,// [5-1-2]int size    幅と高さ

        // [5-1-3]bool pattern[BLOCK_HEIGHT_MAX][BLOCK_WIDTH_MAX]   形状
        {
            {0,1,0,0},
```

```
            {0,1,0,0},
            {0,1,0,0},
            {0,0,0,0}
        }
    },

    // [5-1-4]BLOCK_SHAPE_L L型
    {
        3,// [5-1-5]int size    幅と高さ

        // [5-1-6]bool pattern[BLOCK_HEIGHT_MAX][BLOCK_WIDTH_MAX]   形状
        {
            {0,1,0,0},
            {0,1,1,0},
            {0,0,0,0},
            {0,0,0,0}
        }
    },
};
```

これで落下ブロックの形状データができました。

落下ブロックのデータを作成する

プレイヤーが操作する落下ブロックを作成します。まずは落下ブロックのデータをまとめた構造体 BLOCK を宣言します。メンバー変数の x 、y は座標、shape は形状データです。

```
// [4]構造体を宣言する場所
...

// [4-2]落下ブロックの構造体を宣言する
typedef struct {
    int x, y;              // [4-2-1]座標
    BLOCKSHAPE shape;      // [4-2-2]形状
} BLOCK;
```

落下ブロックを保持する変数 block を宣言します。

```
// [5]変数を宣言する場所
...

BLOCK block;// [5-4]落下ブロックを宣言する
```

これで落下ブロックのデータができました。

落下ブロックを初期化する

まだ落下ブロックのデータは空なので、初期化します。落下ブロックの初期化は、新しい落下ブロックを生成するときにも必要になるので、関数にしておきます。落下ブロックを初期化する処理を記述する関数 InitBlock を宣言します。

```
// [6]関数を宣言する場所
...

// [6-5]落下ブロックを初期化する関数を宣言する
void InitBlock()
{
}

...
```

落下ブロックを初期化する関数 InitBlock を、ゲームを初期化するときに呼び出します。

```
// [6-6]ゲームを初期化する関数を宣言する
void Init()
{
    ...

    InitBlock();// [6-6-2]ブロックを初期化する関数を呼び出す

    DrawScreen();// [6-6-3]画面を描画する関数を呼び出す
}
```

落下ブロックの形状をランダムにするので、乱数の生成に必要な標準ライブラリーヘッダー<stdlib.h>と、乱数のシードに必要な現在の時刻を取得するために時間管理ヘッダー<time.h>をインクルードします。

```
// [1]ヘッダーをインクルードする場所

#include <stdio.h>  // [1-1]標準入出力ヘッダーをインクルードする
#include <stdlib.h> // [1-2]標準ライブラリヘッダーをインクルードする
#include <string.h> // [1-3]文字列操作ヘッダーをインクルードする
#include <time.h>   // [1-4]時間管理ヘッダーをインクルードする
```

main() 関数に入った直後に、現在の時刻をシードとして乱数をシャッフルします。

```
// [6-8]プログラム実行の開始点を宣言する
int main()
{
```

```
    srand((unsigned int)time(NULL));// [6-8-1]乱数をシャッフルする

    ...
}
```

落下ブロックを初期化する処理で、形状をランダムに設定します。

```
// [6-5]落下ブロックを初期化する関数を宣言する
void InitBlock()
{
    // [6-5-1]落下ブロックの形状を、ランダムに設定する
    block.shape = blockShapes[rand() % BLOCK_SHAPE_MAX];
}
```

これで落下ブロックの初期化ができました。

落下ブロックを描画する

落下ブロックを描画するときにほかのブロックと区別するために、ブロックの種類に落下ブロック BLOCK_FALL を追加します。

```
// [3-1]ブロックの種類を定義する
enum
{
    ...
    BLOCK_FALL, // [3-1-4]落下ブロック
    BLOCK_MAX   // [3-1-5]ブロックの種類の数
};
```

画面バッファーにフィールドをコピーしたあとで、落下ブロックも重ね書きします。落下ブロックのすべてのマスを反復し、ブロックのあるマスには落下ブロックを書き込みます。

```
// [6-3]画面を描画する関数を宣言する
void DrawScreen()
{
    ...

    // [6-3-3]フィールドのすべての行を反復する
    for (int y = 0; y < BLOCK_HEIGHT_MAX; y++)
    {
        // [6-3-4]フィールドのすべての列を反復する
        for (int x = 0; x < BLOCK_WIDTH_MAX; x++)
        {
            // [6-3-5]ブロックがあるかどうかを判定する
            if (block.shape.pattern[y][x])
            {
                // [6-3-6]画面バッファーに落下ブロックを書き込む
                screen[block.y + y][block.x + x] = BLOCK_FALL;
```

```
            }
        }
    }
    ...
}
```

ブロックを描画するときに、落下ブロックの描画処理を追加します。

```
// [6-3-10]ブロックの種類で分岐する
switch (screen[y][x])
{
...
case BLOCK_FALL: printf("◇");    break;// [6-3-14]落下ブロック
}
```

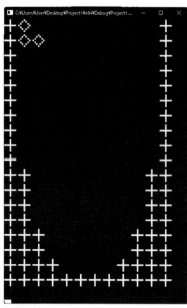

実行するし、落下ブロックが描画されます。

■落下ブロックが表示される

次に、落下ブロックがフィールドの上の真ん中から出現するように、座標を設定します。

```
// [6-5]落下ブロックを初期化する関数を宣言する
void InitBlock()
{
    ...
```

```
// [6-5-2]落下ブロックの列を中心にする
block.x = FIELD_WIDTH / 2 - block.shape.size / 2;

block.y = 0;// [6-5-3]落下ブロックの行を先頭にする
}
```

実行すると、落下ブロックがフィールドの上の真ん中から出現します。

■落下ブロックの位置が初期化される

これで落下ブロックの初期化処理ができました。

落下ブロックをキーボードで操作する

キーボード入力で、落下ブロックを操作できるようにします。

キーボード入力をする

まず、キーボード入力をするためにコンソール入出力ヘッダー<conio.h>をインクルードします。

```
// [1]ヘッダーをインクルードする場所
...
#include <conio.h>  // [1-5]コンソール入出力ヘッダーをインクルードする
```

メインループの中で、キーボード入力があったかどうかを判定します。

```
// [6-8-4]メインループ
while (1)
{
    // [6-8-9]キーボード入力があったかどうか判定する
    if (_kbhit())
    {
    }
}
```

落下ブロックを移動させる

キーボード入力があったら、入力されたキーに合わせて落下ブロックを
操作します。

sキーで下に落下、adキーで左右に移動させます。

```
// [6-8-9]キーボード入力があったかどうか判定する
if (_kbhit())
{
    // [6-8-11]入力されたキーによって分岐する
    switch (_getch())
    {
    case 'w':       // [6-8-12]wキーが押されたら
        break;

    case 's':       // [6-8-13]sキーが押されたら
        block.y++;  // [6-8-14]ブロックを下に移動する
        break;

    case 'a':       // [6-8-15]aキーが押されたら
        block.x--;  // [6-8-16]ブロックを左に移動する
        break;

    case 'd':       // [6-8-17]dキーが押されたら
        block.x++;  // [6-8-18]ブロックを右に移動する
        break;
    }
}
```

実行しても落下ブロックが動きません。これは、座標が変わっても再描
画していないからです。キーボード入力処理の最後にフィールドを再描画
します。

```
// [6-8-9]キーボード入力があったかどうか判定する
if (_kbhit())
{
    ...
```

```
    DrawScreen();// [6-8-24]画面を描画する関数を呼び出す
}
```

　実行して操作すると、画面の下のほうが一部乱れてしまいます。これは、前回の描画に続けて描画しているからです。これを回避するために、描画前に画面をクリアします。

```
// [6-3]画面を描画する関数を宣言する
void DrawScreen()
{
    ...

    // [6-3-7]画面をクリアする
    system("cls");

    ...
}
```

　実行すると、今度は画面が正常に描画されるようになります。これでブロックの移動操作ができました。

落下ブロックを回転させる

　ブロックを回転できるようにします。まずは落下ブロックを回転させる関数 RotateBlock を宣言します。

```
// [6]関数を宣言する場所
...

// [6-4]落下ブロックを回転させる関数を宣言する
void RotateBlock()
{
}

...
```

　本章のゲームの操作は、落下ブロックの移動と回転しかないので、移動以外のキーが押されたら回転するようにします。それでは、落下ブロックの移動以外のキーが押されたときの分岐を追加します。

```
// [6-8-11]入力されたキーによって分岐する
switch (_getch())
{
...

default:// [6-8-19]移動以外のキーが押されたら
```

```
    break;
}
```

移動以外のキーが押されたら、落下ブロックを回転させる関数 RotateBlock
を呼び出します。

```
// [6-8-11]入力されたキーによって分岐する
switch (_getch())
{
...

default:// [6-8-19]移動以外のキーが押されたら

    // [6-8-20]落下ブロックを回転させる関数を呼び出す
    RotateBlock();

    break;
}
```

落下ブロックを回転させる関数 RotateBlock で、回転後のブロックの形
状を保持する変数 rotatedBlock を宣言し、回転前の現在のブロック block
で初期化します。

```
// [6-4]落下ブロックを回転させる関数を宣言する
void RotateBlock()
{
    // [6-4-1]回転後のブロックを宣言する
    BLOCK rotatedBlock = block;
}
```

回転した落下ブロックの各マスの座標は、計算で求められます。

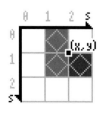

❶回転前の落下ブロック

まず、L型ブロックの幅と高さをsとします。L
字ブロックが回転する場合は3×3マスが必要にな
るので、実際のsの値は3となります。

L型ブロックの右下部分の座標をx, yとします。
実際の値はxが2、yが1です。

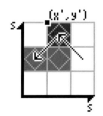

　　落下ブロックを反時計回りに回転させます。回転後のマスの座標を、x', y' とします。実際の値は、x' が1、y' が0です。

❷回転後の落下ブロック

　上記の図をもとに、回転後のマスの座標x' と y' を、次の公式で求められます。

$$x' = y$$
$$y' = s - 1 - x$$

　上記の公式に実際の値を代入すると、次のようになります。

$$1 = 1$$
$$0 = 3 - 1 - 2$$

　計算が合っているので、この公式が合っていることが確認できます。
　それでは上記の公式をもとに、回転ブロックの各マスを反時計回りに90°回転させて、変数 `rotatedBlock` に設定します。

```
// [6-4]落下ブロックを回転させる関数を宣言する
void RotateBlock()
{
    ...

    // [6-4-2]落下ブロックのすべての行を反復する
    for (int y = 0; y < block.shape.size; y++)
    {
        // [6-4-3]落下ブロックのすべての列を反復する
        for (int x = 0; x < block.shape.size; x++)
        {
            // [6-4-4]回転後のブロックの形状を作成する
            rotatedBlock.shape.pattern[block.shape.size - 1 - x][y] =
                block.shape.pattern[y][x];
        }
    }
}
```

回転後のブロックの形状が作成できたら、メインの落下ブロック `block` に
コピーします。

```
// [6-4]落下ブロックを回転させる関数を宣言する
void RotateBlock()
{
    ...

    // [6-4-5]回転後のブロックを適用する
    block = rotatedBlock;
}
```

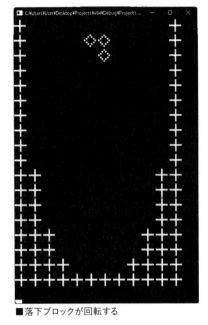

実行して移動キー以外のキーを押
すと、落下ブロックが反時計回りに
回転します。これで落下ブロックの
回転操作ができました。

■落下ブロックが回転する

落下ブロックを回転させる処理ができたので、落下ブロックが生成され
たときにランダムに回転した状態にします。まずはランダムな回転回数を
取得し、変数 `rotateCount` に設定します。

```
// [6-5]落下ブロックを初期化する関数を宣言する
void InitBlock()
{
    ...

    // [6-5-4]落下ブロックを回転させる回数を宣言する
    int rotateCount = rand() % 4;
```

```
}
```

次に、設定した回数 rotateCount 分だけ落下ブロックを回転させます。

```
// [6-5]落下ブロックを初期化する関数を宣言する
void InitBlock()
{
    ...

    // [6-5-5]落下ブロックを回転させる回数だけ反復する
    for (int i = 0; i < rotateCount; i++)
    {
        // [6-5-6]落下ブロックを回転させる
        RotateBlock();
    }
}
```

実行すると、落下ブロックが生成されるたびにランダムな回転状態になります。

ブロックをリアルタイムに落下させる

ブロックが自動的に落下してくるようにします。

ゲームをリアルタイムに進行させる

一定時間ごとに処理を行い、ゲームがリアルタイムで進行するようにします。まず、1秒間の更新回数のマクロ FPS を定義します。

```
// [2]定数を定義する場所
...

#define FPS (1) // [2-5]1秒当たりの描画頻度を定義する
```

更新間隔のマクロ INTERVAL を定義します。

```
// [2]定数を定義する場所
...
#define INTERVAL    (1000 / FPS)    // [2-6]描画間隔（ミリ秒）を定義する
```

メインループに入る前に現在の時刻を取得し、「前回の更新時刻」を保持する変数 lastClock に設定します。

```
// [6-8]プログラム実行の開始点を宣言する
int main()
```

```
{
    ...
    clock_t lastClock = clock();// [6-8-3]前回の更新時刻を保持する変数を宣言する

    ...
}
```

　メインループに入ったら現在の時刻を取得し、変数 newClock に設定します。

```
// [6-8-4]メインループ
while (1)
{
    clock_t newClock = clock();// [6-8-5]現在の時刻を宣言する

    ...
}
```

　前回の更新時刻から、待機時間が経過したかどうかを判定します。

```
// [6-8-4]メインループ
while (1)
{
    clock_t newClock = clock();// [6-8-5]現在の時刻を宣言する

    // [6-8-6]待機時間を経過したら
    if (newClock >= lastClock + INTERVAL)
    {
    }

    ...
}
```

　待機時間が経過したなら、次の更新に備えて「前回の更新時刻」を現在の時刻で更新します。

```
// [6-8-6]待機時間を経過したら
if (newClock >= lastClock + INTERVAL)
{
    lastClock = newClock;// [6-8-7]前回の更新時刻を現在の時刻で更新する
}
```

　これで、一定時間ごとに更新されるリアルタイム処理ができました。

ブロックを落下させる

　このリアルタイム処理を使って、ブロックを自動的に落下させます。ま

ず、落下ブロックを落下させる関数 `FallBlock` を宣言します。

```
// [6-7]落下ブロックを落下させる関数を宣言する
void FallBlock()
{
}
```

　一定時間ごとに、落下ブロックを落下させる関数 `FallBlock` を呼び出します。

```
// [6-8-6]待機時間を経過したら
if (newClock >= lastClock + INTERVAL)
{
    lastClock = newClock;// [6-8-7]前回の更新時刻を現在の時刻で更新する

    FallBlock();// [6-8-8]落下ブロックを落下させる関数を呼び出す
}
```

　ブロックを落下させる関数 `FallBlock` で、ブロックを1マス落下させます。

```
// [6-7]落下ブロックを落下させる関数を宣言する
void FallBlock()
{
    block.y++;// [6-7-2]ブロックを落下させる
}
```

　実行してもブロックが落下しません。これは落下した結果が描画されないからです。更新処理の最後に画面を再描画します。

```
// [6-7]落下ブロックを落下させる関数を宣言する
void FallBlock()
{
    block.y++;// [6-7-2]ブロックを落下させる

    DrawScreen();// [6-7-13]画面を描画する関数を呼び出す
}
```

　実行すると、落下ブロックが一定時間ごとに落ちてきます。これでブロックの自動落下処理ができました。しかしどこまでも落下して、画面の外に出てしまいます。

落下ブロックとフィールド上のブロックとの当たり判定を行う

落下ブロックがフィールド上のブロックと重なってしまったり、フィールドの範囲外に出てしまったりしないように、当たり判定を行います。

落下ブロックとフィールドの当たり判定の関数を作成する

落下ブロックとフィールド上のブロックとの当たり判定処理を記述する関数 `BlockIntersectField` を宣言します。

```
// [6]関数を宣言する場所

// [6-1]落下ブロックとフィールドの当たり判定を行う関数を宣言する
bool BlockIntersectField()
{
    return false;// [6-1-8]当たらなかったという結果を返す
}

...
```

落下ブロックのパターン内のすべてのマスを反復し、各マスにブロックがあるかどうかを判定します。

```
// [6-1]落下ブロックとフィールドの当たり判定を行う関数を宣言する
bool BlockIntersectField()
{
    // [6-1-1]落下ブロックのすべての行を反復する
    for (int y = 0; y < block.shape.size; y++)
    {
        // [6-1-2]落下ブロックのすべての列を反復する
        for (int x = 0; x < block.shape.size; x++)
        {
            // [6-1-3]対象のマスにブロックがあるかどうかを判定する
            if (block.shape.pattern[y][x])
            {
            }
        }
    }

    return false;// [6-1-8]当たらなかったという結果を返す
}
```

落下ブロックの各マスとフィールド上の各マスとの当たり判定を行うには、落下ブロックのデータ内のローカル座標系を、フィールド上のグローバル座標系に変換する必要があります。

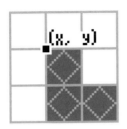

❶マスのローカル座標

落下ブロックの任意のマスの座標をx, yとします。これは、落下ブロックの形状データ内のローカル座標です。

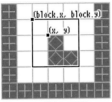

❷フィールド上に配置

上記の落下ブロックをフィールド上に配置します。マスのフィールド上のグローバル座標は、落下ブロックのグローバル座標block.x, block.yと、マスのローカル座標x, yを加算した座標になります。

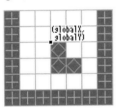

❸グローバル座標に変換

マスのフィールド上のグローバル座標をglobalX, globalYとします。これでフィールド上のマスとの当たり判定ができます。

ブロックのパターン内のローカル座標 x 、y を、フィールド上のグローバル座標に変換し、変数 globalX 、globalY に設定します。

```
// [6-1-3]対象のマスにブロックがあるかどうかを判定する
if (block.shape.pattern[y][x])
{
    // [6-1-4]ブロックのフィールド上の列を宣言する
    int globalX = block.x + x;

    // [6-1-5]ブロックのフィールド上の行を宣言する
    int globalY = block.y + y;
}
```

ブロックの座標がフィールドの範囲外か、またはブロックが配置されていれば、当たったという結果を返します。

```
// [6-1-3]対象のマスにブロックがあるかどうかを判定する
if (block.shape.pattern[y][x])
{
```

```
...

    // [6-1-6]ブロックとフィールドの当たり判定を行う
    if ((globalX < 0)                    // 列が左外かどうか
        || (globalX >= FIELD_WIDTH)      // 列が右外かどうか
        || (globalY < 0)                 // 行が上外かどうか
        || (globalY >= FIELD_HEIGHT)     // 行が下外かどうか

        // フィールド上にブロックがあるかどうか
        || (field[globalY][globalX] != BLOCK_NONE))
    {
        return true;// [6-1-7]当たったという結果を返す
    }
}
```

これで、落下ブロックとフィールドの当たり判定の関数ができました。

落下ブロックとフィールドの当たり判定を行う

上記で作成した関数 `BlockIntersectField` を使って、落下ブロックとフィールドの当たり判定を行います。当たり判定は、落下ブロックをキーボード入力で操作するときと、落下ブロックが自動落下するときの2ヵ所で行います。

落下ブロックをキーボード入力で操作するときの当たり判定

落下ブロックを移動できない場所に移動しようとしたときに、移動前の状態に戻せるように、落下ブロックの移動前の状態 `block` を変数 `lastBlock` にコピーしておきます。

```
// [6-8-9]キーボード入力があったかどうか判定する
if (_kbhit())
{
    // [6-8-10]ブロックの移動前の状態を宣言する
    BLOCK lastBlock = block;

    ...
}
```

キーボード入力で落下ブロックを操作したあとで、落下ブロック `block` とフィールドの当たり判定を行います。もし当たったら、ブロックを移動前の状態 `lastBlock` に戻します。移動できなかったときは画面に変化はないので、画面の再描画は落下ブロックが移動できた場合のみにします。

```
// [6-8-9]キーボード入力があったかどうか判定する
if (_kbhit())
{
    ...

    // [6-8-21]ブロックとフィールドが重なったかどうか判定する
    if (BlockIntersectField())
    {
        // [6-8-22]ブロックを移動前の状態に戻す
        block = lastBlock;
    }
    // [6-8-23]ブロックとフィールドが重ならなければ
    else
    {
        // [6-8-24]画面を描画する関数を呼び出す
        DrawScreen();
    }
}
```

　実行して落下ブロックを操作すると、フィールドの範囲外へは移動できなくなります。これで、キーボード入力するときの落下ブロックとフィールドの当たり判定ができました。

落下ブロックが自動落下するときのフィールドとの当たり判定

　次に、落下ブロックが自動落下するときにも同様に、フィールドとの当たり判定を行います。更新時刻になったら、落下前のブロックの状態 `block` を変数 `lastBlock` にコピーしておきます。

```
// [6-7]落下ブロックを落下させる関数を宣言する
void FallBlock()
{
    BLOCK lastBlock = block;// [6-7-1]ブロックの移動前の状態を宣言する

    ...
}
```

　落下ブロックが落下したあとで、フィールドとの当たり判定を行います。

```
// [6-7]落下ブロックを落下させる関数を宣言する
void FallBlock()
{
    ...

    // [6-7-3]ブロックとフィールドが重なったかどうか判定する
    if (BlockIntersectField())
    {
    }
```

```
    DrawScreen();// [6-7-13]画面を描画する関数を呼び出す
}
```

落下ブロックとフィールドが当たったら、落下ブロックを落下前の状態 lastBlock に戻します。

```
// [6-7-3]ブロックとフィールドが重なったかどうか判定する
if (BlockIntersectField())
{
    // [6-7-4]落下ブロックを移動前の状態に戻す
    block = lastBlock;
}
```

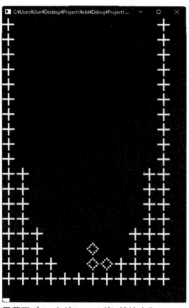

実行すると、落下ブロックが床の上で止まるようになります。これで落下ブロックが自動落下するときの当たり判定もできました。

■落下ブロックがフィールドに接地する

落下ブロックをフィールドに積み上げる

落下ブロックがフィールドに積み上がるようにします。落下ブロックは、フィールドに積み上がると、消せるブロックとしてフィールドに配置されるようにします。落下ブロックがフィールドに積み上がるのは、落下ブロ

ックが落下した瞬間に、フィールドと当たったときです。

　落下ブロックがフィールドに当たったら、落下ブロックのすべてのマス
を反復します。

```
// [6-7-3]ブロックとフィールドが重なったかどうか判定する
if (BlockIntersectField())
{
    ...

    // [6-7-5]落下ブロックのすべての行を反復する
    for (int y = 0; y < BLOCK_HEIGHT_MAX; y++)
    {
        // [6-7-6]落下ブロックのすべての列を反復する
        for (int x = 0; x < BLOCK_WIDTH_MAX; x++)
        {
        }
    }
}
```

　ブロックの種類として、消せるブロックを追加します。

```
// [3-1]ブロックの種類を定義する
enum
{
    ...
    BLOCK_SOFT, // [3-1-3]消せるブロック
    ...
};
```

　落下ブロックと同じ形状の消せるブロック `BLOCK_SOFT` を、フィールド
`field` に書き込みます。

```
// [6-7-6]落下ブロックのすべての列を反復する
for (int x = 0; x < BLOCK_WIDTH_MAX; x++)
{
    // [6-7-7]ブロックがあるマスかどうかを判定する
    if (block.shape.pattern[y][x])
    {
        // [6-7-8]フィールドに消せるブロックを書き込む
        field[block.y + y][block.x + x] = BLOCK_SOFT;
    }
}
```

　フィールドのマスを描画するときに、消せるブロックの描画処理を追加
します。

```
// [6-3-10]ブロックの種類で分岐する
switch (screen[y][x])
```

```
{
...
case BLOCK_SOFT: printf("◆");    break;// [6-3-13]消せるブロック
case BLOCK_FALL: printf("◇");    break;// [6-3-14]落下ブロック
}
```

　実行して落下ブロックをフィールドに落下させると、落下ブロックがフィールドに固定されます。これは、落下ブロックが、フィールドに積み上げられたブロックと重なって動けない状態になっているからです。

新しい落下ブロックを発生させる

　それでは、落下ブロックがフィールドに積み上がったら、落下ブロックをリセットして新しい落下ブロックが降ってくることにします。

```
// [6-7-3]ブロックとフィールドが重なったかどうか判定する
if (BlockIntersectField())
{
    ...

    // [6-7-10]ブロックを初期化する関数を呼び出す
    InitBlock();
}
```

　実行して落下ブロックがフィールドに落下すると積み上がって、新しい落下ブロックが生成されるようになります。しかし天井まで積み上げると、落下ブロックが動けなくなってしまいます。

■落下ブロックがフィールドに積み上がる

ブロックが天井まで積み上がったらゲームオーバーにする

　落下ブロックが生成された瞬間に、すでにフィールドに配置されている
ブロックと重なってしまったら、進行不可能なのでゲームオーバーとしま
す。ゲームオーバーになったら、ゲームを初期化してリセットするように
します。

```
// [6-7-3]ブロックとフィールドが重なったかどうか判定する
if (BlockIntersectField())
{
    ...

    // [6-7-11]ブロックとフィールドが重なったかどうか判定する
    if (BlockIntersectField())
    {
        Init();// [6-7-12]ゲームを初期化する
    }
}
```

　実行して落下ブロックを天井まで積み上げると、フィールドがリセット
されます。これでゲームオーバーの処理ができました。

横にそろった行のブロックを消す

　ブロックをフィールドに積み上げて、横のラインがそろった行のブロッ
クが消えるようにします。

そろった行のブロックを消す関数を作成する

　そろった行のブロックを消す処理を記述する関数 EraseLine を宣言します。

```
// [6]関数を宣言する場所

// [6-2]そろった行のブロックを削除する関数を宣言する
void EraseLine()
{
}
```

　落下したブロックがフィールドと重なったときに、そろったブロックを
消す関数 EraseLine を呼び出します。

```
// [6-7-3]ブロックとフィールドが重なったかどうか判定する
if (BlockIntersectField())
```

```
{
    ...

    // [6-7-9]そろったブロックを削除する関数を呼び出す
    EraseLine();

    ...
}
```

ブロックが横にそろったかどうかを判定する

ブロックを削除する関数 EraseLine で、フィールドの上のブロックがそろった行を探します。まずはフィールドのすべての行を反復します。

```
// [6-2]そろった行のブロックを削除する関数を宣言する
void EraseLine()
{
    // [6-2-1]すべての行を反復する
    for (int y = 0; y < FIELD_HEIGHT; y++)
    {
    }
}
```

各行をチェックする前に、その行がそろったかどうかのフラグを保持する変数 completed を宣言し、仮にそろったとしておきます。

```
// [6-2-1]すべての行を反復する
for (int y = 0; y < FIELD_HEIGHT; y++)
{
    // [6-2-2]その行がそろったかどうかのフラグを宣言する
    bool completed = true;
}
```

その行のすべてのマスをチェックし、ブロックがないマス BLOCK_NONE が見つかったらフラグ completed を下げて、チェックを抜けます。

```
// [6-2-1]すべての行を反復する
for (int y = 0; y < FIELD_HEIGHT; y++)
{
    ...

    // [6-2-3]すべての列を反復する
    for (int x = 0; x < FIELD_WIDTH; x++)
    {
        // [6-2-4]対象のマスにブロックがないかどうか判定する
        if (field[y][x] == BLOCK_NONE)
        {
            completed = false;// [6-2-5]そろわなかった
```

```
            break;// [6-2-6]その行のチェックを抜ける
        }
    }
}
```

これで、各行がそろったかどうかの判定まではできました。

そろった1行を削除する

チェックが終わったら、その行がそろったかどうかを判定します。

```
// [6-2-1]すべての行を反復する
for (int y = 0; y < FIELD_HEIGHT; y++)
{
    ...

    // [6-2-7]その行がそろったかどうか判定する
    if (completed)
    {
    }
}
```

そろったなら、その行のすべてのマスを反復し、対象のマスが消えるブロック BLOCK_SOFT なら削除します。

```
// [6-2-7]その行がそろったかどうか判定する
if (completed)
{
    // [6-2-8]すべての列を反復する
    for (int x = 0; x < FIELD_WIDTH; x++)
    {
        // [6-2-9]対象のマスが消せるブロックなら
        if (field[y][x] == BLOCK_SOFT)
        {
            // [6-2-10]対象のマスのブロックを消す
            field[y][x] = BLOCK_NONE;
        }
    }
}
```

実行してブロックを横にそろえると、ブロックが消えるようになりますが、消えた行が空洞になってしまいます。

■消えたラインが空洞になってしまう

消した行の上のブロックを下に1マスずらす

ブロックが消えたら、それより上のブロックが下に1マスだけ落下してくるようにします。

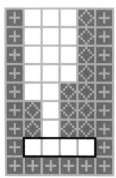

一番下の行のブロックがそろって、消えたとします。

❶一番下の行のブロックが消える

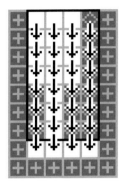

消えた行から上から2行目までのすべてのマスの、それぞれの1つ上のマスを下のマスにコピーします。1行目だけは上の行がデータの範囲外なので、クリアします。

❷下にずらすブロックの範囲

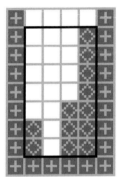

すると、消えたラインが上からずれてきたブロックで埋まります。

❸ブロックが下にずれる

それではブロックがそろって消えたら、消えた行から先頭の行までのすべてのマスを反復します。

```
// [6-2-7]その行がそろったかどうか判定する
if (completed)
{
    ...

    // [6-2-11]すべての列を反復する
    for (int x = 0; x < FIELD_WIDTH; x++)
    {
        // [6-2-12]消えた行から先頭の行まで反復する
        for (int y2 = y; y2 >= 0; y2--)
        {
        }
    }
}
```

消せないブロックより上の行は落下してこないので、反復を抜けます。

```
// [6-2-12]消えた行から先頭の行まで反復する
for (int y2 = y; y2 >= 0; y2--)
{
    // [6-2-13]消せないブロックが見つかったら反復を抜ける
    if(field[y2][x] == BLOCK_HARD)
        break;
}
```

先頭の行とそれ以外の行とで処理を分岐させます。

```
// [6-2-12]消えた行から先頭の行まで反復する
for (int y2 = y; y2 >= 0; y2--)
{
    ...

    // [6-2-14]先頭の行かどうかを判定する
    if (y2 == 0)
    {
    }

    // [6-2-16]先頭の行でなければ
    else
    {
    }
}
```

上のマスが消せないブロックでなければ、上のマスを下のマスにコピーします。

```
// [6-2-16]先頭の行でなければ
else
{
    // [6-2-17]上のマスが消せないブロックでないかどうかを判定する
    if (field[y2 - 1][x] != BLOCK_HARD)
    {
        // [6-2-18]上のマスを下のマスにコピーする
        field[y2][x] = field[y2 - 1][x];
    }
}
```

先頭の行は、この時点で消せないブロックではないことが確定しているので、削除します。

```
// [6-2-14]先頭の行かどうかを判定する
if (y2 == 0)
{
    // [6-2-15]ブロックを消す
    field[y2][x] = BLOCK_NONE;
```

```
}
```

　実行してブロックを消すと、消えた行にブロックがずれてきます。複数のラインを同時にそろえても、消えた行の分だけ下にずれてきます。

　おめでとうございます！ これで落ち物パズルが完成しました。データを書き換えるだけで、フィールのサイズや形状、落下ブロックの種類の追加も可能です。

第 5 章

ドットイートゲームを作成する

リアルタイムアクションと4種のAI

ビデオゲーム黎明期に大ヒットした「ドットイート」

　ドットイートゲームは、ビデオゲーム黎明期の1980年に発売されたアーケードゲーム『パックマン』の大ヒットにより、世界中で有名になったゲームのジャンルです。迷路の中でプレイヤーを操作し、追跡してくるモンスターたちから逃げながら、通路に配置されたドットを食べ尽くすのがゲームの目的です。

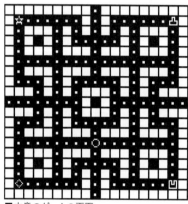

　登場する4匹のモンスターには、それぞれ行動パターンの異なるAIを実装します。

■本章のゲームの画面

■画面の記号の意味

記号	キャラクターの種類	行動パターン
○	プレイヤー	w s a d キーでプレイヤーが操作する
☆	気まぐれモンスター	ランダムに移動する
凸	追いかけモンスター	プレイヤーの座標を目指す
◇	先回りモンスター	プレイヤーの2マス先を目指す
凹	挟み撃ちモンスター	プレイヤーを中心とした、追いかけモンスターの点対称の座標を目指す

プログラムの基本構造を作成する

最初に、ソースファイルのどこに何を記述するかを、コメントとして記述しておきます。

```
// [1]ヘッダーをインクルードする場所

// [2]定数を定義する場所

// [3]列挙定数を定義する場所

// [4]構造体を宣言する場所

// [5]変数を宣言する場所

// [6]関数を宣言する場所
```

プログラムの実行開始点の `main()` 関数を宣言します。

```
// [6]関数を宣言する場所

// [6-11]プログラムの実行開始点を宣言する
int main()
{
}
```

実行するとウィンドウが一瞬表示されて終了してしまうので、プログラムを続行するためにメインループを追加します。

```
// [6-11]プログラムの実行開始点を宣言する
int main()
{
    // [6-11-7]メインループ
    while (1)
    {
    }
}
```

実行すると、プログラムが続行するようになります。

コンソールのプロパティは、フォントのサイズを36、画面バッファーとウィンドウの幅を40、高さを21に設定します。

■フォントの設定

■レイアウトの設定

迷路を作成する

ゲームの舞台となる迷路を作成します。

迷路のデータを作成する

まず、迷路のデータの作成に必要な、迷路の幅と高さをマクロ `MAZE_WIDTH` 、`MAZE_HEIGHT` で定義します。

```
// [2]定数を定義する場所

#define MAZE_WIDTH  (19)    // [2-1]迷路の幅を定義する
#define MAZE_HEIGHT (19)    // [2-2]迷路の高さを定義する
```

迷路の各マスの状態を保持する配列 `maze` を宣言します。データの形式は、1行のデータを1つの文字列として、行数分の文字列の配列とします。各行の文字列のサイズには、文字列の終了コードの 1 バイトを加算します。

```
// [5]変数を宣言する場所

// [5-1]迷路を宣言する
char maze[MAZE_HEIGHT][MAZE_WIDTH + 1];
```

　迷路にはドットが配置されており、ゲームをリセットしたらドットの配置を元に戻す必要があります。そこで、迷路の初期状態を保持する配列 `defaultMaze` を宣言し、迷路の初期状態を保持しておきます。「 `#` 」は壁で「 `o` 」はドットで、「　」(半角スペース)は何もないマスとします。

```
// [5]変数を宣言する場所
...
// [5-2]迷路の初期状態を宣言する
const char defaultMaze[MAZE_HEIGHT][MAZE_WIDTH + 1] =
{
    "#########o#########",
    "#ooooooo#o#ooooooo#",
    "#o###o#o#o#o#o###o#",
    "#o# #o#ooooo#o# #o#",
    "#o###o###o###o###o#",
    "#ooooooooooooooooo#",
    "#o###o###o###o###o#",
    "#ooo#o#ooooo#o#ooo#",
    "###o#o#o##o#o#o###",
    "ooooooooo# #ooooooooo",
    "###o#o#ooooo#o#o###",
    "#ooo#o#ooooo#o#ooo#",
    "#o###o###o###o###o#",
    "#oooooooo ooooooooo#",
    "#o###o###o###o###o#",
    "#o# #o#ooooo#o# #o#",
    "#o###o#o#o#o#o###o#",
    "#ooooooo#o#ooooooo#",
    "#########o#########"
};
```

　これで迷路のデータができました。

迷路を初期化する

　迷路の初期化を行う、ゲームの初期化関数 `Init` を宣言します。

```
// [6-8]ゲームを初期化する関数を宣言する
void Init()
{
}
```

　プログラムが開始したら、ゲームを初期化する関数 `Init` を呼び出します。

```
// [6-11]プログラムの実行開始点を宣言する
int main()
{
    // [6-11-4]ゲームを初期化する関数を呼び出す
    Init();

    ...
}
```

データのコピーに必要な、文字列操作ヘッダー<string.h>をインクルードします。

```
// [1]ヘッダーをインクルードする場所

#include <string.h> // [1-3]文字列操作ヘッダーをインクルードする
```

ゲームの初期化処理で、迷路のデータに迷路の初期状態をコピーします。

```
// [6-8]ゲームを初期化する関数を宣言する
void Init()
{
    // [6-8-1]迷路に初期状態をコピーする
    memcpy(maze, defaultMaze, sizeof maze);
}
```

これで、プログラムが開始したら迷路が初期化されるようになります。

迷路を描画する

迷路の描画はプログラムの複数の場所で行われるので、関数にしておきます。迷路を描画する関数 DrawMaze を宣言します。

```
// [6]関数を宣言する場所

// [6-7]迷路を描画する関数を宣言する
void DrawMaze()
{
}

...
```

迷路を描画する関数 DrawMaze を、ゲームが初期化されたあとで呼び出します。

```
// [6-11]プログラムの実行開始点を宣言する
int main()
{
    ...
```

```
// [6-11-5]迷路を描画する関数を呼び出す
DrawMaze();

...
}
```

迷路にはキャラクターが登場しますが、迷路のデータにキャラクターの
データを書き込んでしまうと、ドットのデータに上書きされてしまいます。
そこで、描画用の画面バッファーに迷路データとキャラクターデータを書
き込んで、それを参照して描画するようにします。まずは画面バッファー
screen を宣言します。

```
// [6-7]迷路を描画する関数を宣言する
void DrawMaze()
{
    // [6-7-1]画面バッファーを宣言する
    char screen[MAZE_HEIGHT][MAZE_WIDTH + 1];
}
```

画面を描画する前に、画面バッファー screen に迷路 maze をコピーします。

```
// [6-7]迷路を描画する関数を宣言する
void DrawMaze()
{
    ...

    // [6-7-2]画面バッファーに迷路をコピーする
    memcpy(screen, maze, sizeof maze);
}
```

画面バッファー screen のすべてのマスを反復します。

```
// [6-7]迷路を描画する関数を宣言する
void DrawMaze()
{
    ...

    // [6-7-6]迷路のすべての行を反復する
    for (int y = 0; y < MAZE_HEIGHT; y++)
    {
        // [6-7-7]迷路のすべての列を反復する
        for (int x = 0; x < MAZE_WIDTH; x++)
        {
        }
    }
}
```

画面に文字を出力するために、標準入出力ヘッダー<stdio.h>をインクル

ードします。

```
// [1]ヘッダーをインクルードする場所

#include <stdio.h>  // [1-1]標準入出力ヘッダーをインクルードする
#include <string.h> // [1-3]文字列操作ヘッダーをインクルードする
```

画面バッファー `screen` の各マスを、全角文字に変換して画面に描画します。

```
// [6-7-7]迷路のすべての列を反復する
for (int x = 0; x < MAZE_WIDTH; x++)
{
    // [6-7-8]マスを描画する
    switch (screen[y][x])
    {
    case ' ':  printf("　");    break;  // [6-7-9]床
    case '#':  printf("■");    break;  // [6-7-10]壁
    case 'o':  printf("・");    break;  // [6-7-11]ドット
    }
}
```

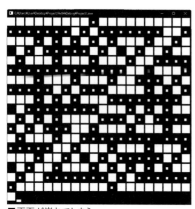

実行すると、迷路の各マスが表示されますが、迷路がずれてしまいます。これは、各行が連続で描画されてしまうからです。

■画面が崩れてしまう

それでは、迷路の各行の描画が終わるごとに改行します。

```
// [6-7-6]迷路のすべての行を反復する
for (int y = 0; y < MAZE_HEIGHT; y++)
{
    ...

    // [6-7-17]1行描画するごとに改行する
    printf("¥n");
}
```

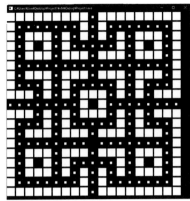

■迷路が正常に表示される

　実行すると、今度は迷路がずれず
に描画されます。これで迷路の描画
ができました。

プレイヤーを作成する

　プレイヤーが操作するキャラクターを追加します。

プレイヤーのデータを作成する

　本章のゲームにはプレイヤーのほかに4匹のモンスターが登場しますが、
データに共通点が多いので、同じ形式のデータの配列として管理します。
まずはキャラクターの種類を定義します。

```
// [3]列挙定数を定義する場所

// [3-1]キャラクターの種類を定義する
enum
{
    CHARACTER_PLAYER,    // [3-1-1]プレイヤー
    CHARACTER_MAX        // [3-1-6]キャラクターの数
};
```

　キャラクターのデータを保持する構造体 CHARACTER を宣言します。

```
// [4]構造体を宣言する場所

// [4-2]キャラクターの構造体を宣言する
typedef struct {
} CHARACTER;
```

キャラクターの座標などを管理するのに必要な、ベクトルの構造体 `VEC2` を宣言します。メンバー変数の `x` 、`y` は座標です。

```
// [4]構造体を宣言する場所

// [4-1]ベクトルの構造体を宣言する
typedef struct {
    int x, y;    // [4-1-1]座標
} VEC2;

...
```

キャラクターの構造体 `CHARACTER` に、キャラクターの座標 `position` を追加します。

```
// [4-2]キャラクターの構造体を宣言する
typedef struct {
    VEC2     position;   // [4-2-1]座標
} CHARACTER;
```

キャラクターの配列 `characters` を宣言し、初期状態を設定します。キャラクターの座標 `position` はあとで設定するので、とりあえずクリアしておきます。

```
// [5]変数を宣言する場所
'''

// [5-3]キャラクターの配列を宣言する
CHARACTER characters[CHARACTER_MAX] =
{
    // [5-3-1]CHARACTER_PLAYER  プレイヤー
    {
        {}, // [5-3-2]VEC2  position
    },
};
```

これでプレイヤーの描画に必要なデータができました。

プレイヤーを描画する

迷路を描画する前に、画面バッファー `screen` の各キャラクターの座標に、各キャラクターの番号 `i` を書き込みます。

```
// [6-7]迷路を描画する関数を宣言する
void DrawMaze()
{
    ...
```

```
// [6-7-3]すべてのキャラクターを反復する
for (int i = 0; i < CHARACTER_MAX; i++)
{
    // [6-7-4]キャラクターの番号を画面バッファーに書き込む
    screen[characters[i].position.y][characters[i].position.x] = i;
}

...
}
```

プレイヤーの座標のマスを描画するときに、プレイヤーのマスには「○」を描画します。

```
// [6-7-8]マスを描画する
switch (screen[y][x])
{
...
case CHARACTER_PLAYER:  printf("○");    break;  // [6-7-12]プレイヤー
}
```

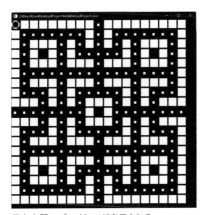

実行すると、画面の左上隅にプレイヤーが描画されます。これは、プレイヤーの座標がクリアされた状態なので、ダンジョンの原点にいるということです。

■左上隅にプレイヤーが表示される

プレイヤーの初期座標を設定する

キャラクターの初期座標はゲームをリセットするたびに必要になるので、キャラクター構造体 CHARACTER にメンバー変数 defaultPosition として追加します。

```
// [4-2]キャラクターの構造体を宣言する
typedef struct {
    VEC2        position;            // [4-2-1]座標
```

```
    const VEC2  defaultPosition;      // [4-2-2]初期座標
} CHARACTER;
```

キャラクターの配列 `characters` の宣言で、プレイヤーの初期座標
`defaultPosition` を設定します。

```
// [5-3]キャラクターの配列を宣言する
CHARACTER characters[CHARACTER_MAX] =
{
    // [5-3-1]CHARACTER_PLAYER   プレイヤー
    {
        {},           // [5-3-2]VEC2        position
        {9, 13},      // [5-3-3]const VEC2   defaultPosition
    },
};
```

ゲームの初期化処理で、各キャラクターの座標 `position` を初期座標
`defaultPosition` で初期化します。

```
// [6-8]ゲームを初期化する関数を宣言する
void Init()
{
    ...

    // [6-8-2]すべてのキャラクターを反復する
    for (int i = 0; i < CHARACTER_MAX; i++)
    {
        // [6-8-3]キャラクターの座標を初期化する
        characters[i].position
            = characters[i].defaultPosition;
    }
}
```

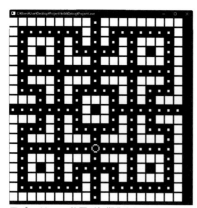

実行すると、今度はプレイヤーが
設定した初期座標に表示されます。

■プレイヤーの位置が初期化される

　プレイヤーをキーボード入力で操作できるようにします。まずはキーボード入力を行うために、コンソール入出力ヘッダー<conio.h>をインクルードします。

```
// [1]ヘッダーをインクルードする場所
...
#include <conio.h>  // [1-5]コンソール入出力ヘッダーをインクルードする
```

　メインループの中で、キーボード入力があったかどうかを判定します。

```
// [6-11-7]メインループ
while (1)
{
    // [6-11-35]キーボード入力があったかどうかを判定する
    if (_kbhit())
    {
    }
}
```

　キーボード入力があったら、プレイヤーが移動する前に移動先の座標を保持する変数 newPosition を宣言し、現在の座標で初期化します。

```
// [6-11-35]キーボード入力があったかどうかを判定する
if (_kbhit())
{
    // [6-11-36]プレイヤーの新しい座標を宣言する
    VEC2 newPosition = characters[CHARACTER_PLAYER].position;
}
```

　wsadキーの入力で、プレイヤーの移動先の座標を上下左右に移動させます。

```
// [6-11-35]キーボード入力があったかどうかを判定する
if (_kbhit())
{
    ...

    // [6-11-37]入力されたキーによって分岐する
    switch (_getch())
    {
    case 'w':   newPosition.y--;   break;  // [6-11-38]wが押されたら上へ移動する
    case 's':   newPosition.y++;   break;  // [6-11-39]sが押されたら下へ移動する
    case 'a':   newPosition.x--;   break;  // [6-11-40]aが押されたら左へ移動する
    case 'd':   newPosition.x++;   break;  // [6-11-41]dが押されたら右へ移動する
    }
}
```

プレイヤーの座標に、移動先の座標 newPosition を設定します。

```
// [6-11-35]キーボード入力があったかどうかを判定する
if (_kbhit())
{
    ...

    // [6-11-45]プレイヤーの座標を更新する
    characters[CHARACTER_PLAYER].position = newPosition;
}
```

実行してキーを入力しても、プレイヤーが動きません。これは、移動した結果が画面に反映されないからです。そこで、キーボード入力が終わったら画面を再描画します。

```
// [6-11-35]キーボード入力があったかどうかを判定する
if (_kbhit())
{
    ...

    // [6-11-52]迷路を再描画する
    DrawMaze();
}
```

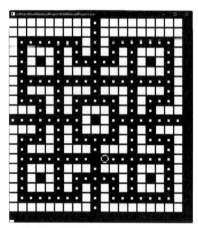

実行すると、今度はプレイヤーを操作できるようになりますが、画面が下にずれてしまいます。これは、前回の描画が画面に残ってしまっているからです。

■プレイヤーが移動する

画面のクリアに必要な、標準ライブラリヘッダー<stdio.h>をインクルードします。

```
// [1]ヘッダーをインクルードする場所
```

```
#include <stdio.h>  // [1-1]標準入出力ヘッダーをインクルードする
#include <stdlib.h> // [1-2]標準ライブラリヘッダーをインクルードする
...
```

迷路を描画する前に、画面をクリアします。

```
// [6-7]迷路を描画する関数を宣言する
void DrawMaze()
{
    ...

    system("cls");// [6-7-5]画面をクリアする

    ...
}
```

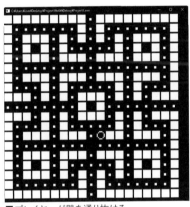

実行して移動すると今度は画面が
ずれなくなりますが、プレイヤーが
壁を通り抜けてしまいます。

■プレイヤーが壁を通り抜ける

プレイヤーと壁の当たり判定を行う

　プレイヤーが移動する前に、移動先の座標が壁でないかどうかを判定し、
壁でない場合のみ移動するようにします。

```
// [6-11-43]移動先が壁でないどうかを判定する
if (maze[newPosition.y][newPosition.x] != '#')
{
    // [6-11-45]プレイヤーの座標を更新する
    characters[CHARACTER_PLAYER].position = newPosition;
}
```

　実行すると、プレイヤーが壁を通り抜けできなくなります。

　迷路が上下左右につながっているものとし、プレイヤーが迷路の範囲外に出ようとしたら、反対側にループ移動するようにします。この処理は、プログラムの複数の場所で必要になるので、関数にしておきます。渡された座標を、上下左右にループした座標に変換して返す関数 `GetLoopPosition` を宣言します。

```
// [6]関数を宣言する場所

// [6-4]上下左右にループした座標を取得する関数を宣言する
VEC2 GetLoopPosition(VEC2 _position)
{
    // [6-4-1]上下左右にループした座標を返す
    return
    {
        (MAZE_WIDTH + _position.x) % MAZE_WIDTH,
        (MAZE_HEIGHT + _position.y) % MAZE_HEIGHT
    };
}

...
```

　キーボード入力されてプレイヤーが移動先に移動する前に、移動先の座標を上下左右にループした座標に変換します。

```
// [6-11-35]キーボード入力があったかどうかを判定する
if (_kbhit())
{
    ...

    // [6-11-42]移動先の座標を上下左右にループさせる
    newPosition = GetLoopPosition(newPosition);

    ...
}
```

　実行してプレイヤーが画面外に出ようとすると、反対側にループ移動します。

　プレイヤーの移動先のマスがドットであれば、ドットの床を何もない床に書き換えることで、プレイヤーがドットを食べたことにします。

```
// [6-11-43]移動先が壁でないどうかを判定する
if (maze[newPosition.y][newPosition.x] != '#')
{
    ...

    // [6-11-48]プレイヤーの座標にドットがあるかどうかを判定する
    if (maze[characters[CHARACTER_PLAYER].position.y]
            [characters[CHARACTER_PLAYER].position.x] == 'o')
    {
        // [6-11-49]プレイヤーの座標のドットを消す
        maze[characters[CHARACTER_PLAYER].position.y]
            [characters[CHARACTER_PLAYER].position.x] = ' ';
    }
}
```

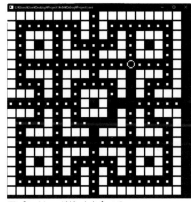

実行してプレイヤーを移動させると、プレイヤーが通過したマスのドットを食べるようになります。

■プレイヤーがドットを食べる

気まぐれモンスターを作成する

　モンスターを順番に追加していきます。まずは最も簡単な、ランダムに移動するだけの「気まぐれモンスター」から作成します。気まぐれモンスターは、一歩歩くごとにランダムな方向へ進みます。ただし来た道を引き返さないようにするので、進行方向を変えるのは交差点のみとなります。

気まぐれモンスターのデータを作成する

　キャラクターの種類に、気まぐれモンスター CHARACTER_RANDOM を追加します。

```
// [3-1]キャラクターの種類を定義する
enum
{
    CHARACTER_PLAYER,    // [3-1-1]プレイヤー
    CHARACTER_RANDOM,    // [3-1-2]気まぐれモンスター
    CHARACTER_MAX        // [3-1-6]キャラクターの数
};
```

キャラクターの配列 characters の宣言で、気まぐれモンスターの初期
データを設定します。

```
// [5-3]キャラクターの配列を宣言する
CHARACTER characters[CHARACTER_MAX] =
{
    ...

    // [5-3-5]CHARACTER_RANDOM   気まぐれモンスター
    {
        {},          // [5-3-6]VEC2        position
        {1, 1},      // [5-3-7]const VEC2  defaultPosition
    },
};
```

これで気まぐれモンスターのデータができました。

気まぐれモンスターを描画する

気まぐれモンスターのいるマスに、アスキーアート「☆」を描画します。

```
// [6-7-8]マスを描画する
switch (screen[y][x])
{
...
case CHARACTER_RANDOM: printf("☆");    break;    // [6-7-13]気まぐれモンスター
}
```

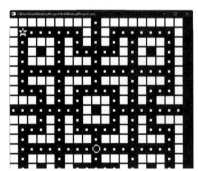

実行すると、画面の左上に気まぐ
れモンスターが表示されます。

■左上に気まぐれモンスターが表示される

一定時間ごとに実行される、リアルタイム処理を実装する

　モンスターを動かすために、一定時間ごとに処理を実行するリアルタイム処理を実装します。まずは1秒あたりの更新回数のマクロ FPS 、更新間隔のマクロ INTERVAL を定義します。

```
// [2]定数を定義する場所
...

#define FPS        (2)          // [2-3]1秒あたりの更新頻度を定義する
#define INTERVAL   (1000 / FPS) // [2-4]更新ごとの待機時間（ミリ秒）を定義する
```

　現在の時刻を取得するために、時間管理ヘッダー<time.h>をインクルードします。

```
// [1]ヘッダーをインクルードする場所
...
#include <time.h>   // [1-4]時間管理ヘッダーをインクルードする
...
```

　メインループに入る前に「前回の更新時刻」を保持する変数 lastClock を宣言し、現在の時刻で初期化します。

```
// [6-11]プログラムの実行開始点を宣言する
int main()
{
    ...

    // [6-11-6]前回の更新時刻を宣言する
    time_t lastClock = clock();

    ...
}
```

　メインループに入ったら現在の時刻を取得し、変数 newClock に設定します。

```
// [6-11-7]メインループ
while (1)
{
    // [6-11-8]現在の時刻を宣言する
    time_t newClock = clock();

    ...
}
```

　前回の更新時刻 lastClock から、待機時間 INTERVAL が経過したかどう

かを判定します。経過したら、一定時間ごとに実行される処理に入ります。

```
// [6-11-7]メインループ
while (1)
{
    ...

    // [6-11-9]前回の更新から待機時間が経過したかどうかを判定する
    if (newClock > lastClock + INTERVAL)
    {
    }
}
```

待機時間 INTERVAL が経過したら、次回の更新のために「前回の更新時刻」lastClock を現在の時刻 newClock で更新しておきます。

```
// [6-11-9]前回の更新から待機時間が経過したかどうかを判定する
if (newClock > lastClock + INTERVAL)
{
    // [6-11-10]前回の更新時刻を現在の時刻で更新する
    lastClock = newClock;
}
```

これで、一定時間ごとに実行されるリアルタイム処理ができました。

モンスターの種類によって、AIの処理を分岐させる

モンスターのAIの処理を行うために、まずはすべてのモンスターを反復します。

```
// [6-11-9]前回の更新から待機時間が経過したかどうかを判定する
if (newClock > lastClock + INTERVAL)
{
    ...

    // [6-11-11]すべてのモンスターを反復する
    for (int i = CHARACTER_PLAYER + 1; i < CHARACTER_MAX; i++)
    {
    }
}
```

モンスターの種類によって処理を分岐させます。

```
// [6-11-11]すべてのモンスターを反復する
for (int i = CHARACTER_PLAYER + 1; i < CHARACTER_MAX; i++)
{
    // [6-11-13]モンスターの種類によって分岐する
    switch(i)
    {
```

```
    // [6-11-14]気まぐれモンスター
    case CHARACTER_RANDOM:
        break;
    }
}
```

これで気まぐれモンスターの AI の処理を記述する準備ができました。

気まぐれモンスターの移動先を取得する

気まぐれモンスターがどこに移動するかを取得する関数 GetRandomPosition を宣言します。

```
// [6]関数を宣言する場所
...

// [6-5]ランダムな移動先を取得する関数を宣言する
VEC2 GetRandomPosition(CHARACTER _character)
{
}

...
```

上下左右の方向の種類を定義します。

```
// [3]列挙定数を定義する場所
...

// [3-2]方向の種類を定義する
enum
{
    DIRECTION_UP,        // [3-2-1]上
    DIRECTION_LEFT,      // [3-2-2]左
    DIRECTION_DOWN,      // [3-2-3]下
    DIRECTION_RIGHT,     // [3-2-4]右
    DIRECTION_MAX        // [3-2-5]方向の数
};

...
```

ランダムな移動先を取得する関数 GetRandomPosition で、すべての方向を反復します。

```
// [6-5]ランダムな移動先を取得する関数を宣言する
VEC2 GetRandomPosition(CHARACTER _character)
{
    // [6-5-2]すべての方向を反復する
    for (int i = 0; i < DIRECTION_MAX; i++)
    {
```

```
    }
}
```

方向ベクトルの配列 directions を宣言します。

```
// [5]変数を宣言する場所
...

// [5-4]方向のベクトルの配列を宣言する
VEC2 directions[DIRECTION_MAX] =
{
    { 0,-1},    // [5-4-1]DIRECTION_UP       上
    {-1, 0},    // [5-4-2]DIRECTION_LEFT     左
    { 0, 1},    // [5-4-3]DIRECTION_DOWN     下
    { 1, 0}     // [5-4-4]DIRECTION_RIGHT    右
};
```

ベクトルを加算する関数 Vec2Add を宣言します。

```
// [6]関数を宣言する場所

// [6-1]ベクトルを加算する関数を宣言する
VEC2 Vec2Add(VEC2 _v0, VEC2 _v1)
{
    // [6-1-1]加算したベクトルを返す
    return
    {
        _v0.x + _v1.x,
        _v0.y + _v1.y
    };
}

...
```

対象のキャラクターの座標を原点として、各方向ベクトルを加算して隣接する四方の座標を取得し、変数 newPosition に設定します。

```
// [6-5-2]すべての方向を反復する
for (int i = 0; i < DIRECTION_MAX; i++)
{
    // [6-5-3]各方向の座標を宣言する
    VEC2 newPosition = Vec2Add(_character.position, directions[i]);
}
```

対象の座標を、上下左右にループさせた座標に変換します。

```
// [6-5-2]すべての方向を反復する
for (int i = 0; i < DIRECTION_MAX; i++)
{
    ...
```

```
    // [6-5-4]対象の座標を上下左右にループさせる
    newPosition = GetLoopPosition(newPosition);
}
```

移動先候補のリストアップに必要な、ベクターヘッダー<vector>をインクルードします。

```
// [1]ヘッダーをインクルードする場所
...
#include <vector>    // [1-6]ベクターヘッダーをインクルードする
```

移動先候補のリストを保持する変数 positions を宣言します。

```
// [6-5]ランダムな移動先を取得する関数を宣言する
VEC2 GetRandomPosition(CHARACTER _character)
{
    // [6-5-1]移動先の候補のリストを宣言する
    std::vector<VEC2> positions;

    ...
}
```

各方向の座標 newPosition を、移動先候補リスト positions に追加します。

```
// [6-5-2]すべての方向を反復する
for (int i = 0; i < DIRECTION_MAX; i++)
{
    ...

    // [6-5-6]対象の座標を移動先の候補のリストに追加する
    positions.push_back(newPosition);
}
```

プログラム開始直後に、乱数を現在の時刻でシャッフルします。

```
// [6-11]プログラムの実行開始点を宣言する
int main()
{
    // [6-11-1]乱数を現在の時刻でシャッフルする
    srand((unsigned int)time(NULL));

    ...
}
```

移動先候補のリスト positions の中から、ランダムで座標を返します。

```
// [6-5]ランダムな移動先を取得する関数を宣言する
VEC2 GetRandomPosition(CHARACTER _character)
{
```

```
    ...
    // [6-5-7]移動先の候補の中からランダムで座標を返す
    return positions[rand() % positions.size()];
}
```

これで、ランダムな移動先を返す処理ができました。

気まぐれモンスターを動かす

それでは、気まぐれモンスターを動かします。移動先座標を保持する変数 newPosition を宣言し、気まぐれモンスターの現在の座標で初期化します。

```
// [6-11-11]すべてのモンスターを反復する
for (int i = CHARACTER_PLAYER + 1; i < CHARACTER_MAX; i++)
{
    // [6-11-12]移動先の座標を宣言する
    VEC2 newPosition = characters[i].position;

    ...
}
```

移動先の座標 newPosition にランダムな移動先を設定します。

```
// [6-11-13]モンスターの種類によって分岐する
switch(i)
{
// [6-11-14]気まぐれモンスター
case CHARACTER_RANDOM:

    // [6-11-15]ランダムな移動先の座標を設定する
    newPosition = GetRandomPosition(characters[i]);

    break;
}
```

気まぐれモンスターの座標に移動先の座標 newPosition を設定します。

```
// [6-11-11]すべてのモンスターを反復する
for (int i = CHARACTER_PLAYER + 1; i < CHARACTER_MAX; i++)
{
    ...

    // [6-11-31]移動先に移動させる
    characters[i].position = newPosition;
}
```

モンスターのAIの処理が終わったら、画面を再描画します。

```
// [6-11-9]前回の更新から待機時間が経過したかどうかを判定する
if (newClock > lastClock + INTERVAL)
{
    ...

    // [6-11-34]画面を再描画する
    DrawMaze();
}
```

実行すると、気まぐれモンスターが動きますが、壁を通り抜けてしまいます。

■気まぐれモンスターが壁を通り抜けて移動する

気まぐれモンスターが壁を通り抜けないようにする

気まぐれモンスターの移動先候補を追加する前に、壁でないかどうかをチェックします。

```
// [6-5-2]すべての方向を反復する
for (int i = 0; i < DIRECTION_MAX; i++)
{
    ...

    // [6-5-5]対象の座標に移動可能かどうかを判定する
    if (
        // 壁ではない
        (maze[newPosition.y][newPosition.x] != '#')
    )
    {
        // [6-5-6]対象の座標を移動先の候補のリストに追加する
        positions.push_back(newPosition);
    }
}
```

実行すると、今度は気まぐれモンスターが壁を通り抜けなくなりますが、

行ったり来たりしてしまいます。

気まぐれモンスターが後戻りしないようにする

　モンスターが行ったり来たりするとゲームが簡単になってしまうので、モンスターが後戻りしないようにします。そのためには、前回の座標を覚えておく必要があります。そこで、キャラクターの構造体 CHARACTER のメンバーに、前回の座標を保持しておく変数 lastPosition を追加します。

```
// [4-2]キャラクターの構造体を宣言する
typedef struct {
    ...
    VEC2        lastPosition;        // [4-2-3]前回の座標
} CHARACTER;
```

　キャラクターの配列 characters の宣言で、前回の座標 lastPosition の初期値を設定します。

```
// [5-3]キャラクターの配列を宣言する
CHARACTER characters[CHARACTER_MAX] =
{
    // [5-3-1]CHARACTER_PLAYER　プレイヤー
    {
        ...
        {}, // [5-3-4]VEC2　lastPosition
    },

    // [5-3-5]CHARACTER_RANDOM　気まぐれモンスター
    {
        ...
        {}, // [5-3-8]VEC2　lastPosition
    },
};
```

　ゲームの初期化で、各キャラクターの前回の座標 lastPosition も初期座標 defaultPosition で初期化します。

```
// [6-8-3]キャラクターの座標を初期化する
characters[i].position
    = characters[i].lastPosition
    = characters[i].defaultPosition;
```

　各モンスターが移動する直前に、前回の座標 lastPosition を現在の座標 position で更新しておきます。

```
// [6-11-11]すべてのモンスターを反復する
for (int i = CHARACTER_PLAYER + 1; i < CHARACTER_MAX; i++)
{
    ...

    // [6-11-30]前回の座標を現在の座標で更新する
    characters[i].lastPosition = characters[i].position;

    ...
}
```

　ベクトルどうしが等しいかどうかを判定する関数 `Vec2Equal` を宣言します。引数 `_v0` と `_v1` が等しいかどうかを返します。

```
// [6]関数を宣言する場所
...

// [6-3]ベクトルどうしが等しいかどうかを判定する関数を宣言する
bool Vec2Equal(VEC2 _v0, VEC2 _v1)
{
    // [6-3-1]ベクトルどうしが等しいかどうかを返す
    return (_v0.x == _v1.x) && (_v0.y == _v1.y);
}

...
```

　ランダムな移動先を取得する関数 `GetRandomPosition` で移動先候補を追加するときに、前回の座標と違う座標かどうかの判定を行います。

```
// [6-5-5]対象の座標に移動可能かどうかを判定する
if (
    // 壁ではない
    (maze[newPosition.y][newPosition.x] != '#')

    // かつ前回の座標と同じではない
    && (!Vec2Equal(newPosition, _character.lastPosition))
)
{
    ...
}
```

　実行すると、気まぐれモンスターは後戻りすることなく通路を真っすぐ進み、交差点でのみ方向転換するようになります。これで気まぐれモンスターのAIができました。

追いかけモンスターを作成する

プレイヤーを最短ルートで追ってくる「追いかけモンスター」を追加します。

追いかけモンスターのデータを追加する

キャラクターの種類として、追いかけモンスター CHARACTER_CHASE を追加します。

```
// [3-1]キャラクターの種類を定義する
enum
{
    ...
    CHARACTER_CHASE,    // [3-1-3]追いかけモンスター
    CHARACTER_MAX       // [3-1-6]キャラクターの数
};
```

キャラクターの配列 characters の宣言で、追いかけモンスターの初期データを設定します。

```
// [5-3]キャラクターの配列を宣言する
CHARACTER characters[CHARACTER_MAX] =
{
    ...

    // [5-3-9]CHARACTER_CHASE    追いかけモンスター
    {
        {},         // [5-3-10]VEC2          position
        {17, 1},    // [5-3-11]const VEC2    defaultPosition
        {},         // [5-3-12]VEC2          lastPosition
    },
};
```

これで追いかけモンスターのデータができました。

追いかけモンスターを描画する

追いかけモンスターの座標を描画するときに、追いかけモンスターのアスキーアート「 凸 」を描画します。

```
// [6-7-8]マスを描画する
switch (screen[y][x])
{
...
case CHARACTER_CHASE:   printf("凸");    break;   // [6-7-14]追いかけモンスター
}
```

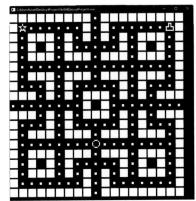

■右上に追いかけモンスターが表示される

　追いかけモンスターがプレイヤーを追いかけるための経路探索アルゴリズムを解説します。なお、この経路探索アルゴリズムは、このあと追加する2匹のモンスターのAIでも利用します。

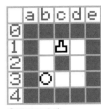

❶解説用迷路

　5×5マスの迷路に、追いかけモンスター(凸)がc1に、プレイヤー(○)がb3にいて、追いかけモンスターがプレイヤーへの最短経路を探索します。経路は、左回りと右回りがあり、左回りの経路が最短経路として求められるかを確認します。

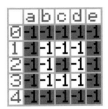

❷距離を初期化する

　すべてのマスへの距離は不明、または到達不可能として-1を設定します。

179

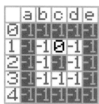

❸c1を調べる

追いかけモンスターの座標c1への距離を0とします。

次に、上、左、下、右の順に隣接するマスに進行可能かどうかを調べます。上のc0は壁、左のb1は進行可能なので、そのあとの方向の調査を後回しにして、調べるマスをb1に移動します。

❹b1を調べる

b1への距離は、移動前のc1への距離0に1を足して1とします。b1への経路は、b1の座標を追加して{b1}と設定します。b1に隣接するマスを調べると、b2に移動可能なことがわかったので、調べるマスをb2に移動します。

❺b2を調べる

b2への距離は、移動前のb1への距離1に1を足して2とします。b2への経路は、移動前のb1への経路{b1}にb2を追加して{b1, b2}とします。

❻左回りのルートからd1を調べる

以上を繰り返して、d1まで到達しました。d1への距離は7で、経路は{b1, b2, b3, c3, d3, d2, d1}です。ここに隣接するマスを調べますが、d0とe1は壁、c1とd2はd1への距離よりも短いので調べず、これ以上調べるマスがないので、この左回りの経路の探索は終了になります。

❼右回りのルートからd1を調べる

❸でc1を調べている途中だったので、続きの方向を調べます。d1への距離は、c移動前の1への距離0に1を足して1となります。これは、❻で求めた距離7よりも近いので、最短経路として更新します。経路は{d1}で更新します。

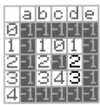

❽右回りの経路を探索する

以上を繰り返すと、残りのすべてのマスへの経路が探索されます。目的地b3への経路{b1, b2, b3}は設定済みなので、経路の最初の座標b1が、b3への最短経路の1歩目の座標となり、そこへ移動すればよいということがわかります。

2点間の最短経路を探索する処理を作成する

追いかけモンスターからプレイヤーへの最短経路を探索する処理を作成します。本章の経路探索アルゴリズムでは、探索者を原点としてすべてのマスへの経路と距離を探索します。探索者を原点として上下左右方向のマスを探索し、さらにそれぞれのマスへの上下左右のマスを……というように再帰的に処理を行うことで、すべてのマスを探索できます。それができれば、座標を指定することで、その座標への経路と移動距離が取得できるようになります。

探索開始地点から各マスへの最短距離を取得する

任意のキャラクターが任意の座標へ向かう最短経路を探索し、経路の最初の座標を取得する関数 GetChasePosition を宣言します。

```
// [6]関数を宣言する場所
...

// [6-6]目標地点への最短経路の最初の座標を取得する関数を宣言する
VEC2 GetChasePosition(CHARACTER _character, VEC2 _targetPosition)
{
}

...
```

経路を探索すべき座標のリスト toCheckPositions を宣言し、探索をするキャラクター自身の座標を追加します。

```
// [6-6]目標地点への最短経路の最初の座標を取得する関数を宣言する
VEC2 GetChasePosition(CHARACTER _character, VEC2 _targetPosition)
{
    // [6-6-1]経路を探索すべき座標のリストを宣言する
    std::vector<VEC2> toCheckPositions;
```

```
    // [6-6-2]探索をするキャラクター自身の座標を探索すべき座標のリストに追加する
    toCheckPositions.push_back(_character.position);
}
```

探索すべき座標がなくなるまでループします。

```
// [6-6]目標地点への最短経路の最初の座標を取得する関数を宣言する
VEC2 GetChasePosition(CHARACTER _character, VEC2 _targetPosition)
{
    ...

    // [6-6-9]探索すべき座標のリストが空になるまで反復する
    while (!toCheckPositions.empty())
    {
    }
}
```

ループに入ったら、探索中の座標に隣接する四方の座標を取得し、変数 `newPosition` に設定します。

```
// [6-6-9]探索すべき座標のリストが空になるまで反復する
while (!toCheckPositions.empty())
{
    // [6-6-10]すべての方向を反復する
    for (int i = 0; i < DIRECTION_MAX; i++)
    {
        // [6-8-11]探索中の座標に隣接する各方向の座標を取得する
        VEC2 newPosition = Vec2Add(toCheckPositions.front(), directions[i]);
    }
}
```

取得した四方の座標を、上下左右にループさせた座標に変換します。

```
// [6-6-10]すべての方向を反復する
for (int i = 0; i < DIRECTION_MAX; i++)
{
    ...

    // [6-6-12]対象の座標を上下左右にループさせた座標に変換する
    newPosition = GetLoopPosition(newPosition);
}
```

探索をするキャラクター自身の座標から、迷路の各マスへの距離を保持する配列 `distances` を宣言します。

```
// [6-6]目標地点への最短経路の最初の座標を取得する関数を宣言する
VEC2 GetChasePosition(CHARACTER _character, VEC2 _targetPosition)
{
    ...
```

```
    // [6-6-3]探索開始地点から各マスへの距離を保持する配列を宣言する
    int distances[MAZE_HEIGHT][MAZE_WIDTH];

    ...
}
```

迷路の各マスへの最短距離を、-1（未設定）で初期化します。

```
// [6-6]目標地点への最短経路の最初の座標を取得する関数を宣言する
VEC2 GetChasePosition(CHARACTER _character, VEC2 _targetPosition)
{
    ...

    // [6-8-4]迷路のすべての行を反復する
    for (int y = 0; y < MAZE_HEIGHT; y++)
    {
        // [6-6-5]迷路のすべての列を反復する
        for (int x = 0; x < MAZE_WIDTH; x++)
        {
            // [6-6-6]対象のマスへの距離を未設定として初期化する
            distances[y][x] = -1;
        }
    }
}
```

探索をするキャラクター自身の座標は、最短距離が0であることがわかっているので 0 を設定します。

```
// [6-6]目標地点への最短経路の最初の座標を取得する関数を宣言する
VEC2 GetChasePosition(CHARACTER _character, VEC2 _targetPosition)
{
    ...

    // [6-6-7]探索をするキャラクター自身の座標への距離は0に設定する
    distances[_character.position.y][_character.position.x] = 0;

    ...
}
```

探索中の座標に隣接する四方の座標への最短距離は、探索中の座標への距離に 1 を加算した値を設定します。

```
// [6-6-10]すべての方向を反復する
for (int i = 0; i < DIRECTION_MAX; i++)
{
    ...

    // [6-6-13]対象の座標への距離を宣言する
    int newDistance =
```

```
            distances[toCheckPositions.front().y][toCheckPositions.front().x] + 1;
}
```

　対象の座標 newPosition を、探索すべき座標のリスト toCheckPositions
へ追加すべきかどうかを判定します。対象の座標への最短距離が未設定であ
るか、もしくは現在探索中の経路が最短経路であるかどうかで判定します。

```
// [6-6-10]すべての方向を反復する
for (int i = 0; i < DIRECTION_MAX; i++)
{
    ...

    // [6-6-14]対象の座標を探索すべきかどうかを判定する
    if (
        (
            // 未設定である
            (distances[newPosition.y][newPosition.x] < 0)

            // もしくは最短経路である
            || (newDistance < distances[newPosition.y][newPosition.x])
        )
    )
    {
    }
}
```

　対象の座標 newPosition を探索すべきであれば、まずは対象の座標への
距離 newDistance を設定します。

```
// [6-6-14]対象の座標を探索すべきかどうかを判定する
if (...)
{
    // [6-6-15]対象の座標への距離を更新する
    distances[newPosition.y][newPosition.x] = newDistance;
}
```

　対象の座標 newPosition を、探索すべき座標のリスト toCheckPositions
に追加します。

```
// [6-6-14]対象の座標を探索すべきかどうかを判定する
if (...)
{
    // [6-6-16]対象の座標を探索すべき座標のリストへ追加する
    toCheckPositions.push_back(newPosition);
}
```

　すべての方向の探索が終わったら、探索中の座標を、探索すべき座標の
リスト toCheckPositions から削除します。

```
// [6-6-9]探索すべき座標のリストが空になるまで反復する
while (!toCheckPositions.empty())
{
    ...

    // [6-6-19]探索すべき座標のリストから先頭の座標を削除する
    toCheckPositions.erase(toCheckPositions.begin());
}
```

これで各マスへの最短距離 distances を取得できましたが、まだ経路を取得していません。

探索者のマスから各マスへの最短経路を取得する

対象のキャラクターの座標から各マスへの最短経路を保持する配列 routes を宣言します。

```
// [6-6]目標地点への最短経路の最初の座標を取得する関数を宣言する
VEC2 GetChasePosition(CHARACTER _character, VEC2 _targetPosition)
{
    ...

    // [6-6-8]探索開始地点から各マスへの経路を保持する配列を宣言する
    std::vector<VEC2> routes[MAZE_HEIGHT][MAZE_WIDTH];

    ...
}
```

探索すべき座標のリスト toCheckPositions に座標を追加するときに、追加する座標の1つ前の座標への経路を設定します。

```
// [6-6-14]対象の座標を探索すべきかどうかを判定する
if (...)
{
    ...

    // [6-6-17]対象の座標への経路を、1つ前の座標の経路で初期化する
    routes[newPosition.y][newPosition.x] =
        routes[toCheckPositions.front().y][toCheckPositions.front().x];
}
```

対象の座標への経路に、ゴール地点となる対象の座標 newPosition を追加することで、経路が完成します。

```
// [6-6-14]対象の座標を探索すべきかどうかを判定する
if (...)
{
    ...
```

```
// [6-6-18]対象の座標への経路に、対象の座標を追加する
routes[newPosition.y][newPosition.x].push_back(newPosition);
}
```

　これで、すべてのマスへの最短経路 routes が取得できました。それで
は、目標地点への経路ができていれば、経路の最初のマスを返します[注1]。

```
// [6-6]目標地点への最短経路の最初の座標を取得する関数を宣言する
VEC2 GetChasePosition(CHARACTER _character, VEC2 _targetPosition)
{
    ...

    // [6-6-20]目標地点への経路があるかどうかを判定する
    if (
        // 経路がある
        (!routes[_targetPosition.y][_targetPosition.x].empty())
    )
    {
        // [6-6-21]目標地点への経路の1つ目の座標を返す
        return routes[_targetPosition.y][_targetPosition.x].front();
    }
}
```

　目標地点への経路がない場合は、気まぐれモンスターのAIを使用して、
ランダムな座標に移動します。

```
// [6-6-20]目標地点への経路があるかどうかを判定する
if (...)
{
    ...
}
// [6-6-22]目標地点への経路がなければ
else
{
    // [6-6-23]ランダムな座標を返す
    return GetRandomPosition(_character);
}
```

　これで追いかけモンスターの経路探索処理ができました。

追いかけモンスターを動かす

　リアルタイム処理のモンスターの種類による分岐で追いかけモンスター
の分岐を追加し、移動先の座標を、プレイヤーを追いかける座標に設定し
ます。

注1　目標地点が壁になってしまう場合は、距離-1、経路なしということになります。

```
// [6-11-13]モンスターの種類によって分岐する
switch(i)
{
...

// [6-11-16]追いかけモンスター
case CHARACTER_CHASE:

    // [6-11-17]プレイヤーを追いかける座標を設定する
    newPosition =
        GetChasePosition(characters[i], characters[CHARACTER_PLAYER].position);

    break;
}
```

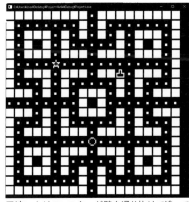

実行すると、追いかけモンスターがプレイヤーを追って動きますが、壁を通り抜けてしまいます。

■追いかけモンスターが壁を通り抜けて追ってくる

追いかけモンスターが壁を通り抜けないようにする

経路探索処理で、壁のマスは経路を探索すべきリストに追加しないようにします。

```
// [6-6-14]対象の座標を探索すべきかどうかを判定する
if (
    (
        // 未設定である
        (distances[newPosition.y][newPosition.x] < 0)

        // もしくは最短経路である
        || (newDistance < distances[newPosition.y][newPosition.x])
    )
```

```
    // かつ壁ではない
    && (maze[newPosition.y][newPosition.x] != '#')
)
{
}
```

　実行すると、追いかけモンスターが壁を通り抜けないようになりますが、道を引き返すことがあります。

追いかけモンスターが後戻りしないようにする

　追いかけモンスターが来た道を引き返さないようにします。移動先に移動する条件として、前回の座標と違うかどうかという判定を追加します。

```
// [6-6-20]対象の座標へ移動してよいかどうかを判定する
if (
    // 経路がある
    (!routes[_targetPosition.y][_targetPosition.x].empty())

    // かつ前回の座標と違う座標であれば
    && (!Vec2Equal(
        routes[_targetPosition.y][_targetPosition.x].front(),
        _character.lastPosition)
    )
)
{
}
```

　実行すると、追いかけモンスターが来た道を引き返さなくなります。これで追いかけモンスターのAIができました。

先回りモンスターを作成する

　追いかけモンスターは的確に追跡してきますが、後方にさえ注意していれば簡単に逃げられます。また、追いかけモンスターを増やしても数珠つなぎになってしまうだけです。そこで、プレイヤーの3つ先のマスを目指す「先回りモンスター」を追加します。追いかけモンスターはプレイヤーの座標を目標地点としましたが、先回りモンスターは目標地点が少し変わるだけで、あとは追いかけモンスターの経路探索AIを利用します。

先回りモンスターのデータを追加する

キャラクターの種類に、先回りモンスター CHARACTER_AMBUSH を追加します。

```
// [3-1]キャラクターの種類を定義する
enum
{
    ...
    CHARACTER_AMBUSH,    // [3-1-4]先回りモンスター
    CHARACTER_MAX        // [3-1-6]キャラクターの数
};
```

キャラクターの配列 characters の宣言で、先回りモンスターの初期データを設定します。

```
// [5-3]キャラクターの配列を宣言する
CHARACTER characters[CHARACTER_MAX] =
{
    ...

    // [5-3-13]CHARACTER_AMBUSH 先回りモンスター
    {
        {},         // [5-3-14]VEC2        position
        {1, 17},    // [5-3-15]const VEC2  defaultPosition
        {},         // [5-3-16]VEC2        lastPosition
    },
};
```

これで先回りモンスターのデータができました。

先回りモンスターを描画する

先回りモンスターの座標に、アスキーアート「◇」を描画します。

```
// [6-7-8]マスを描画する
switch (screen[y][x])
{
...
case CHARACTER_AMBUSH:  printf("◇");     break;  // [6-7-15]先回りモンスター
}
```

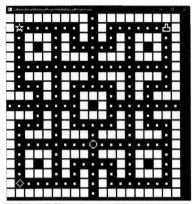

実行すると、画面の左下に先回り
モンスターが表示されます。

■左下に先回りモンスターが表示される

先回りモンスターの移動先を取得する

リアルタイム処理のモンスターの種類による分岐で、先回りモンスター
の分岐を追加します。

```
// [6-11-13]モンスターの種類によって分岐する
switch(i)
{
...

// [6-11-18]先回りモンスター
case CHARACTER_AMBUSH:
{
    break;
}
}
```

プレイヤーの向きを取得する

プレイヤーが向いている方向のマスを取得するために、プレイヤーの向
きが必要です。そこで、プレイヤーの前回の座標から現在の座標へのベク
トルを、プレイヤーの向きとします。現状ではプレイヤーは前回の座標を
まだ保持していないので、プレイヤーが移動先に移動する直前に、前回の
座標を現在の座標で更新します。

```
// [6-11-43]移動先が壁でないどうかを判定する
if (maze[newPosition.y][newPosition.x] != '#')
{
```

```
    // [6-11-44]プレイヤーの前回の座標を現在の座標で更新する
    characters[CHARACTER_PLAYER].lastPosition =
        characters[CHARACTER_PLAYER].position;

    ...
}
```

ベクトルを減算する関数 `Vec2Subtract` を宣言します。

```
// [6]関数を宣言する場所
...

// [6-2]ベクトルを減算する関数を宣言する
VEC2 Vec2Subtract(VEC2 _v0, VEC2 _v1)
{
    // [6-2-1]減算したベクトルを返す
    return
    {
        _v0.x - _v1.x,
        _v0.y - _v1.y
    };
}

...
```

プレイヤーの現在の座標 `position` から前回の座標 `lastPosition` を減算してプレイヤーの向きベクトルを取得し、変数 `playerDirection` に設定します。

```
// [6-11-13]モンスターの種類によって分岐する
switch(i)
{
...

// [6-11-18]先回りモンスター
case CHARACTER_AMBUSH:
{
    // [6-11-19]プレイヤーの向きベクトルを宣言する
    VEC2 playerDirection = Vec2Subtract(
        characters[CHARACTER_PLAYER].position,
        characters[CHARACTER_PLAYER].lastPosition);

    break;
}
}
```

これでプレイヤーの向きベクトルが取得できました。

プレイヤーの3マス先の座標を取得する

　先回りモンスターの目標地点を保持する変数 `targetPosition` を宣言し、プレイヤーの座標で初期化します。

```
// [6-11-13]モンスターの種類によって分岐する
switch(i)
{
...
// [6-11-18]先回りモンスター
case CHARACTER_AMBUSH:
{
    ...

    // [6-11-20]目標地点を宣言する
    VEC2 targetPosition = characters[CHARACTER_PLAYER].position;

    break;
}
}
```

　目標地点 `targetPosition` にプレイヤーの向きベクトル `playerDirection` を3回加算することで、プレイヤーの3マス先の座標を取得します。

```
// [6-11-13]モンスターの種類によって分岐する
switch(i)
{
...
// [6-11-18]先回りモンスター
case CHARACTER_AMBUSH:
{
    ...

    // [6-11-21]3回反復する
    for (int j = 0; j < 3; j++)
    {
        // [6-11-22]目標地点にプレイヤーの向きベクトルを加算する
        targetPosition = Vec2Add(targetPosition, playerDirection);
    }

    break;
}
}
```

　目標地点 `targetPosition` を、上下左右にループさせた座標に変換します。

```
// [6-11-13]モンスターの種類によって分岐する
switch(i)
{
...
```

```
// [6-11-18]先回りモンスター
case CHARACTER_AMBUSH:
{
    ...

    // [6-11-23]目標地点を上下左右にループさせた座標に変換する
    targetPosition = GetLoopPosition(targetPosition);

    break;
}
}
```

これで先回りモンスターの目標地点 `targetPosition` が取得できました。

先回りモンスターを動かす

目標地点 `targetPosition` への最短経路の最初の座標を取得し、変数 `newPosition` に設定します。

```
// [6-11-13]モンスターの種類によって分岐する
switch(i)
{
...
// [6-11-18]先回りモンスター
case CHARACTER_AMBUSH:
{
    ...

    // [6-11-24]目標地点を目指す座標を設定する
    newPosition = GetChasePosition(characters[i], targetPosition);

    break;
}
}
```

実行すると、先回りモンスターがプレイヤーの3マス先の座標を目指して移動します。これで先回りモンスターのAIができました。

挟み撃ちモンスターを作成する

今度は追いかけモンスターと連携をとりプレイヤーを挟み撃ちにする、「挟み撃ちモンスター」を追加します。プレイヤーの座標を中心とした、追いかけモンスターの点対称の座標を目指します。このモンスターも先回りモンスターと同様、目標地点が異なるだけで、経路探索AIは追いかけモン

スターのものを利用します。

挟み撃ちモンスターのデータを追加する

キャラクターの種類に、挟み撃ちモンスター CHARACTER_SIEGE を追加します。

```
// [3-1]キャラクターの種類を定義する
enum
{
    ...
    CHARACTER_SIEGE,    // [3-1-5]挟み撃ちモンスター
    CHARACTER_MAX       // [3-1-6]キャラクターの数
};
```

キャラクターの配列 characters の宣言で、挟み撃ちモンスターの初期データを設定します。

```
// [5-3]キャラクターの配列を宣言する
CHARACTER characters[CHARACTER_MAX] =
{
    ...
    // [5-3-17]CHARACTER_SIEGE    挟み撃ちモンスター
    {
        {},         // [5-3-18]VEC2        position
        {17, 17},   // [5-3-19]const VEC2  defaultPosition
        {},         // [5-3-20]VEC2        lastPosition
    },
};
```

これで挟み撃ちモンスターのデータができました。

挟み撃ちモンスターを描画する

挟み撃ちモンスターの座標を描画するときに、挟み撃ちモンスターのアスキーアート「 凹 」を描画します。

```
// [6-7-8]マスを描画する
switch (screen[y][x])
{
...
case CHARACTER_SIEGE:    printf("凹");    break;  // [6-7-16]挟み撃ちモンスター
}
```

実行すると、画面の右下に挟み撃ちモンスターが表示されます。

■右下に挟み撃ちモンスターが表示される

挟み撃ちモンスターを動かす

リアルタイム処理のモンスターの種類による分岐で、挟み撃ちモンスターの分岐を追加します。

```
// [6-11-13]モンスターの種類によって分岐する
switch(i)
{
...

// [6-11-25]挟み撃ちモンスター
case CHARACTER_SIEGE:
{
    break;
}
}
```

追いかけモンスターからプレイヤーへのベクトルを取得し、変数 `chaseToPlayer` に設定します。

```
// [6-11-13]モンスターの種類によって分岐する
switch(i)
{
...

// [6-11-25]挟み撃ちモンスター
case CHARACTER_SIEGE:
{
    // [6-11-26]追いかけモンスターからプレイヤーへのベクトルを取得する
    VEC2 chaseToPlayer = Vec2Subtract(
        characters[CHARACTER_PLAYER].position,  // プレイヤーの座標
```

```
        characters[CHARACTER_CHASE].position);    // 追いかけモンスターの座標

    break;
}
}
```

　プレイヤーの座標に、追いかけモンスターからプレイヤーへのベクトル
を加算した座標を目標地点とします。

```
// [6-11-13]モンスターの種類によって分岐する
switch(i)
{
...

// [6-11-25]挟み撃ちモンスター
case CHARACTER_SIEGE:
{
    ...

    // [6-11-27]目的地を宣言する
    VEC2 targetPosition =

        // ベクトルを加算する
        Vec2Add(

            // プレイヤーの座標
            characters[CHARACTER_PLAYER].position,

            // 追いかけモンスターからプレイヤーへのベクトル
            chaseToPlayer);

    break;
}
}
```

　取得した座標を、上下左右にループさせた座標に変換します。

```
// [6-11-13]モンスターの種類によって分岐する
switch(i)
{
...

// [6-11-25]挟み撃ちモンスター
case CHARACTER_SIEGE:
{
    ...

    // [6-11-28]目標地点を上下左右にループさせた座標に変換する
    targetPosition = GetLoopPosition(targetPosition);

    break;
```

　挟み撃ちモンスターの移動先の座標 `newPosition` を、目標地点への経路の最初のマスに設定します。

```
// [6-11-13]モンスターの種類によって分岐する
switch(i)
{
...
// [6-11-25]挟み撃ちモンスター
case CHARACTER_SIEGE:
{
    ...

    // [6-11-29]目標地点を目指す座標を設定する
    newPosition = GetChasePosition(characters[i], targetPosition);

    break;
}
}
```

　実行すると、挟み撃ちモンスターが追いかけモンスターと連携して、プレイヤーを挟み込むように移動します。これで挟み撃ちモンスターができました。

ゲームオーバーの処理を作成する

　プレイヤーとモンスターが重なったら、ゲームオーバーになる処理を作成します。ゲームオーバーの判定は、キーボード入力でプレイヤーが動いた瞬間と、リアルタイム処理でモンスターが動いた瞬間の2ヵ所で行うので、関数にしておきます。

プレイヤーとモンスターが重なったかどうかを判定する処理を作成する

　プレイヤーとモンスターが重なったかどうかを判定する関数 `IsGameOver` を宣言します。

```
// [6]関数を宣言する場所
...
// [6-9]ゲームオーバーの関数を宣言する
```

```
bool IsGameOver()
{
}

...
```

すべてのモンスターを反復し、プレイヤーの座標と等しいかどうかを判定します。

```
// [6-9]ゲームオーバーの関数を宣言する
bool IsGameOver()
{
    // [6-9-1]すべてのモンスターを反復する
    for (int i = CHARACTER_PLAYER + 1; i < CHARACTER_MAX; i++)
    {
        // [6-9-2]対象のモンスターとプレイヤーの座標が同じかどうかを判定する
        if (Vec2Equal(
            characters[i].position,                  // 対象のモンスターの座標
            characters[CHARACTER_PLAYER].position)) // プレイヤーの座標
        {
        }
    }
}
```

プレイヤーと重なったモンスターが一匹でもいれば、ゲームオーバーのメッセージを表示し、キーボード入力待ち状態にします。

```
// [6-9-2]対象のモンスターとプレイヤーの座標が同じかどうかを判定する
if (...)
{
    // [6-9-6]ゲームオーバーのメッセージを表示する
    printf("        GAME  OVER");

    // [6-9-7]キーボード入力を待つ
    _getch();
}
```

ゲームオーバーになったという結果を返します。

```
// [6-9-2]対象のモンスターとプレイヤーの座標が同じかどうかを判定する
if (...)
{
    ...

    // [6-9-8]ゲームオーバーになったという結果を返す
    return true;
}
```

どのモンスターとも重ならなかったら、ゲームオーバーにならなかった

という結果を返します。

```
// [6-9]ゲームオーバーの関数を宣言する
bool IsGameOver()
{
    ...

    // [6-9-9]ゲームオーバーにならなかったという結果を返す
    return false;
}
```

　これでゲームオーバーの最低限の処理ができました。それでは、プレイヤーが移動した直後に、ゲームオーバーになったかどうかを判定します。

```
// [6-11-43]移動先が壁でないどうかを判定する
if (maze[newPosition.y][newPosition.x] != '#')
{
    ...

    // [6-11-46]ゲームオーバーになったかどうかを判定する
    if (IsGameOver())
    {
    }

    ...
}
```

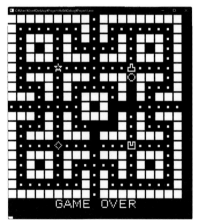

　実行してプレイヤーがモンスターに突っ込むと、画面下にゲームオーバーのメッセージが表示されてキーボード入力待ち状態になります。しかしキーボードを押すと、ゲームが続行してしまいます。

■下にゲームオーバーのメッセージが表示される

ゲームオーバーになったらゲームをリセットする

　それでは、ゲームオーバーになったらゲームをリセットするようにしま

す。まずはゲームオーバーになったときのジャンプ先のラベル `start` を、
ゲームの初期化前に設定します。

```
// [6-11]プログラムの実行開始点を宣言する
int main()
{
    ...

start:  // [6-11-2]ゲームの開始ラベル
    ;   // [6-11-3]空文

    ...
}
```

ゲームオーバーになったら、ゲームの初期化前にジャンプします。

```
// [6-11-46]ゲームオーバーになったかどうかを判定する
if (IsGameOver())
{
    goto start; // [6-11-47]ゲームの開始ラベルにジャンプする
}
```

実行してゲームオーバー画面でキーボードを押すと、ゲームがリセット
されます。しかし、モンスターがプレイヤーに突っ込んできた場合はゲー
ムオーバーになりません。

モンスターがプレイヤーに突っ込んできた場合もゲームオーバーにする

モンスターが移動した直後でも、ゲームオーバーになったかどうかを判
定し、ゲームオーバーになったらゲームをリセットします。

```
// [6-11-9]前回の更新から待機時間が経過したかどうかを判定する
if (newClock > lastClock + INTERVAL)
{
    ...

    // [6-11-32]ゲームオーバーになったかどうかを判定する
    if (IsGameOver())
    {
        goto start; // [6-11-33]ゲームの開始ラベルにジャンプする
    }

    ...
}
```

実行してモンスターがプレイヤーに突っ込むと、ゲームオーバーになり
ます。これでゲームオーバーの判定ができましたが、ゲームオーバーのメ

ッセージが迷路の下に表示されるのでは、わかりづらいです。

ゲームオーバーのメッセージを画面中央に表示する

ゲームオーバーになったら、まずは画面をクリアします。

```
// [6-9-2]対象のモンスターとプレイヤーの座標が同じかどうかを判定する
if (...)
{
    // [6-9-3]画面をクリアする
    system("cls");

    ...
}
```

カーソルを迷路の中心の行まで改行します。

```
// [6-9-2]対象のモンスターとプレイヤーの座標が同じかどうかを判定する
if (...)
{
    ...

    // [6-9-4]迷路の高さの半分だけ反復する
    for (int j = 0; j < MAZE_HEIGHT / 2; j++)
    {
        // [6-9-5]改行する
        printf("¥n");
    }
}
```

■中央にゲームオーバーのメッセージが表示される

実行してゲームオーバーになると、今度は画面の中央にメッセージが表示されるようになります。これでゲームオーバー画面ができました。

エンディングの処理を作成する

　プレイヤーがすべてのドットを食べ尽くしたらゲームクリアとし、エンディング画面を表示するようにします。

ドットをすべて食べ尽くしたかどうかを判定する

　ゲームをクリアしたかどうかを判定する関数 `IsComplete` を宣言します。

```
// [6]関数を宣言する場所
...

// [6-10]エンディングの関数を宣言する
bool IsComplete()
{
}

...
```

　迷路のすべてのマスを反復します。

```
// [6-10]エンディングの関数を宣言する
bool IsComplete()
{
    // [6-10-1]迷路のすべての行を反復する
    for (int y = 0; y < MAZE_HEIGHT; y++)
    {
        // [6-10-2]迷路のすべての列を反復する
        for (int x = 0; x < MAZE_WIDTH; x++)
        {
        }
    }
}
```

　1つでもドットのマスが見つかれば、まだクリアしていないという結果を返します。

```
// [6-10-2]迷路のすべての列を反復する
for (int x = 0; x < MAZE_WIDTH; x++)
{
    // [6-10-3]対象のマスがドットかどうかを判定する
    if (maze[y][x] == 'o')
    {
        // [6-10-4]クリアではないという結果を返す
        return false;
    }
}
```

最後までドットのマスが見つからなければ、ゲームクリアということに
なります。

エンディング画面を作成する

ゲームをクリアしたら、ゲームオーバーのときと同じ要領で画面の中央
にエンディングのメッセージを表示し、キーボード入力待ち状態にします。

```c
// [6-10]エンディングの関数を宣言する
bool IsComplete()
{
    ...

    // [6-10-5]画面をクリアする
    system("cls");

    // [6-10-6]迷路の高さの半分だけ反復する
    for (int i = 0; i < MAZE_HEIGHT / 2; i++)
    {
        // [6-10-7]改行する
        printf("¥n");
    }

    // [6-10-8]エンディングのメッセージを表示する
    printf("   C O N G R A T U L A T I O N S !");

    // [6-10-9]キーボード入力を待つ
    _getch();
}
```

エンディング画面でキーボードを押したら、ゲームをクリアしたという
結果を返します。

```c
// [6-10]エンディングの関数を宣言する
bool IsComplete()
{
    ...

    // [6-10-10]クリアしたという結果を返す
    return true;
}
```

これでエンディングの処理ができました。

ゲームをクリアしたらエンディング画面を表示する

プレイヤーがドットを食べた直後に、クリアしたかどうかを判定します。

クリアしたら、ゲームをリセットします。

```
// [6-11-48]プレイヤーの座標にドットがあるかどうかを判定する
if (...)
{
    ...

    // [6-11-50]クリアしたかどうかを判定する
    if (IsComplete())
    {
        goto start; // [6-11-51]ゲームの開始ラベルにジャンプする
    }
}
```

実行してドットを食べ尽くすとエンディング画面が表示されて、キーボード入力待ち状態になります。キーボードを押すと、ゲームがリセットされます。

■エンディング画面が表示される

おめでとうございます！ ドットイートゲームが完成しました。本章のゲームの経路探索アルゴリズムは簡易的でしたが、これを最適化した「ダイクストラ法」や、それをさらに最適化した「A*（エースター）」などの実装に挑戦してみるのもおもしろいでしょう。

第 **6** 章

擬似3Dダンジョンゲームを
作成する

アスキーアートによる擬似3D描画のギミック

ビデオゲーム黎明期のRPGのスタンダード、擬似3Dダンジョン

コンピュータRPGの原点『ウィザードリィ』の誕生

　擬似3D視点のダンジョンのゲームと言えば、ビデオゲーム黎明期の1981年に海外で発売されたPCゲーム『ウィザードリィ』が有名です。まだ「コンピュータRPG」というジャンルが確立していない時期に「TRPG」(テーブルトークRPG)をコンピュータ上で再現したゲームで、冒険者のパーティを編成してダンジョンを探索するゲームです。モンスターを倒してレベルアップして強くなり、宝箱を開けて武器や防具を集めていくというコンピュータRPGのおもしろさは、すでにこのゲームで実現されていました。

　当時はまだコンピュータの性能が低く、擬似3Dダンジョンを線画で描画するのがやっとでした。しかしのちにコンピュータの描画性能の向上に伴い、グラフィックスの付いた『マイト・アンド・マジック』などの派生系が登場しました。さらに、リアルタイム制の『ダンジョンマスター』や、擬似3D視点で滑らかに動く『DOOM』などのFPSに発展していきました。

『ウィザードリィ』の国内への影響

　日本では『ウィザードリィ』が多くの機種に移植され、さらに日本オリジナルの続編が開発されるなどマニアの間で一定の人気がありましたが、擬似3Dダンジョン自体が大ヒットジャンルとして定着することはありませんでした。しかし、『ウィザードリィ』はその後の多くのゲームに影響を与えました。『ウィザードリィ』に熱中していた堀井雄二氏が開発し、日本でのコンピュータRPGブームの立役者となった『ドラゴンクエスト』には、キャラクターの成長システムや戦闘シーンなどに『ウィザードリィ』の影響が見られます。余談ですが、堀井雄二氏が開発した『ポートピア連続殺人事件』『オホーツクに消ゆ』のファミリーコンピュータ版は、アドベンチャーゲームであるにもかかわらず、ゲームの終盤で擬似3Dダンジョンが登場します。さらに、『ポートピア連続殺人事件』の擬似3Dダンジョンには、壁に「もんすたあ　さぷらいずど　ゆう」(Monster surprised you)という『ウィザードリィ』の戦闘シーンで表示されるメッセージの落書きがあり、氏の『ウ

ィザードリィ』への思い入れが感じられます。

　現在ではコンピュータの性能の向上に伴い3Dグラフィックスの描画が容易になり、擬似3Dダンジョンのゲームはほぼ淘汰されてしまいました。しかし擬似3Dダンジョンの描画は特殊なトリックが必要で、ビデオゲーム黎明期のクリエイターたちが、スペックの低いコンピュータでどのように実装していたのか、興味深いものがあります。

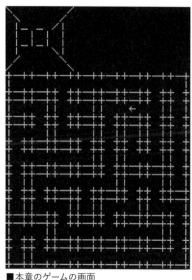

　本章ではダンジョンをランダム生成して、それを擬似3Dで描画して探検するゲームを作成します。また、擬似3D描画をデバッグしやすいように、見下ろし型の視点のマップを表示する機能も追加します。最後に簡単なクエストを追加して、ゲームとして完成させます。

■本章のゲームの画面

プログラムの基本構造を作成する

プログラムのベース部分を作成する

　最初に、ソースファイルのどこに何を記述するかを、コメントとして記述しておきます。

```
// [1]ヘッダーをインクルードする場所
```

```
// [2]定数を定義する場所
```

```
// [3]列挙定数を定義する場所

// [4]構造体を宣言する場所

// [5]変数を宣言する場所

// [6]関数を宣言する場所
```

プログラムの実行開始点の `main()` 関数を追加します。

```
// [6]関数を宣言する場所

// [6-9]プログラムの実行開始点を宣言する
int main()
{
}
```

実行するとウィンドウが一瞬表示されて終了してしまうので、プログラムを続行するためにメインループを追加します。

```
// [6-9]プログラムの実行開始点を宣言する
int main()
{
    // [6-9-3]メインループ
    while (1)
    {
    }
}
```

実行すると、今度はプログラムが続行するようになります。

コンソールの設定

コンソールのプロパティは、フォントのサイズを28、画面バッファーとウィンドウの幅を50、高さを33に設定します。

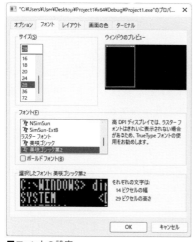

■フォントの設定

■レイアウトの設定

デバッグ用のマップを描画する

　まずは迷路をランダム生成したいところですが、その前に迷路が正しく生成されたかを確認するために、見下ろし型視点のマップを作成します。

迷路のデータを作成する

　迷路のデータを作成するためには、迷路のサイズを定義する必要があります。迷路の幅と高さのマクロ `MAZE_WIDTH`、`MAZE_HEIGHT` を定義します。

```
// [2]定数を定義する場所

#define MAZE_WIDTH  (8) // [2-1]迷路の幅を定義する
#define MAZE_HEIGHT (8) // [2-2]迷路の高さを定義する
```

　本章の迷路は、マスごとに各方位の壁があるかどうかのデータが必要になります。そこで、方位の種類を定義します。

```
// [3]列挙定数を定義する場所

// [3-1]方位の種類を定義する
enum
{
```

```
    DIRECTION_NORTH,    // [3-1-1]北
    DIRECTION_WEST,     // [3-1-2]西
    DIRECTION_SOUTH,    // [3-1-3]南
    DIRECTION_EAST,     // [3-1-4]東
    DIRECTION_MAX       // [3-1-5]方位の数
};
```

迷路の各マスの情報を保持する構造体 `TILE` を宣言します。メンバー変数 `walls` は、マスの各方位に壁があるかどうかのフラグです。

```
// [4]構造体を宣言する場所

// [4-2]迷路のマスの構造体を宣言する
typedef struct {
    bool walls[DIRECTION_MAX];   // [4-2-1]各方位の壁の有無
} TILE;
```

迷路の各マスのデータを保持する配列 `maze` を宣言します。

```
// [5]変数を宣言する場所

TILE maze[MAZE_HEIGHT][MAZE_WIDTH];   // [5-15]迷路を宣言する
```

これで、迷路のデータを保持できるようになりました。

迷路のマップを描画する

マップを描画する処理を記述する関数 `DrawMap` を宣言します。

```
// [6]関数を宣言する場所

// [6-6]マップを描画する関数を宣言する
void DrawMap()
{
}

...
```

メインループ内で、マップを描画する関数 `DrawMap` を呼び出します。

```
// [6-9-3]メインループ
while (1)
{
    // [6-9-6]マップを描画する関数を呼び出す
    DrawMap();
}
```

コンソールに文字列を出力するために、標準入出力ヘッダー<stdio.h>をインクルードします。

```
// [1]ヘッダーをインクルードする場所

#include <stdio.h>  // [1-1]標準入出力ヘッダーをインクルードする
```

マップを描画する関数 `DrawMap` で、迷路のすべての行を反復します。

```
// [6-6]マップを描画する関数を宣言する
void DrawMap()
{
    // [6-6-1]迷路のすべての行を反復する
    for (int y = 0; y < MAZE_HEIGHT; y++)
    {
    }
}
```

本章の迷路の各マスには、東西南北の各方位に壁の有無の状態がありま
す。そこで、各マスを四隅の柱と四方の壁(それぞれある場合とない場合が
あります)で構成して描画します。たとえば四方に壁がある場合は、次のよ
うに描画します。

```
+－+  // 1行目:[北西の柱][北の壁  ][北東の柱]
|  |  // 2行目:[西の壁  ][中心の床][東の壁  ]
+－+  // 3行目:[南西の柱][南の壁  ][南東の柱]
```

それではすべての列を反復して、各マスの上段を描画します。マスの北
西の柱、北の壁、北東の柱の順に描画します。

```
// [6-6-1]迷路のすべての行を反復する
for (int y = 0; y < MAZE_HEIGHT; y++)
{
    // [6-6-2]迷路のすべての列を反復する
    for (int x = 0; x < MAZE_WIDTH; x++)
    {
        //  [6-6-3]北の壁を描画する
        printf("+%s+", maze[y][x].walls[DIRECTION_NORTH] ? "—" : "  ");
    }
}
```

実行すると、アスキーアートが連続で描画されて表示が乱れてしまいま
す。そこで、画面をクリアするために標準ライブラリヘッダー<stdlib.h>
をインクルードします。

```
// [1]ヘッダーをインクルードする場所

#include <stdio.h>   // [1-1]標準入出力ヘッダーをインクルードする
#include <stdlib.h>  // [1-2]標準ライブラリヘッダーをインクルードする
```

メインループでマップを描画する前に、描画をクリアします。

```
// [6-9-3]メインループ
while (1)
{
    system("cls");// [6-9-4]画面をクリアする

    ...
}
```

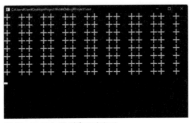

実行すると各マスの上段が描画されますが、連続して描画されてしまうため、表示がずれてしまいます。

■画面が崩れてしまう

そこで、1行描画するごとに改行します。

```
// [6-6-1]迷路のすべての行を反復する
for (int y = 0; y < MAZE_HEIGHT; y++)
{
    ...

    printf("¥n");// [6-6-4]1行描画するごとに改行する
}
```

実行すると、今度は各マスの上段が正しく描画されますが、画面がちらついてしまいます。

■各マスの上段が表示される

それでは、描画したらキーボード入力待ち状態にして、画面のちらつきを止めます。まずはキーボード入力をするために、コンソール入出力ヘッダー<conio.h>をインクルードします。

```
// [1]ヘッダーをインクルードする場所
...
#include <conio.h>  // [1-4]コンソール入出力ヘッダーをインクルードする
```

メインループで描画が終わったあとで、キーボード入力待ち状態にします。

```
// [6-9-3]メインループ
while (1)
{
    ...

    // [6-9-7]入力されたキーで分岐する
    switch (_getch())
    {
    }
}
```

実行すると、画面のちらつきがやみます。各マスの北西と北東の柱のみが描画されます。北の壁はまだ設定されていないので表示されません。

次に、各マスの中段を描画します。床のアスキーアートを宣言し、西の壁、中心の床、東の壁の順に描画して改行します。

```
// [6-6-1]迷路のすべての行を反復する
for (int y = 0; y < MAZE_HEIGHT; y++)
{
    ...

    // [6-6-5]迷路のすべての列を反復する
    for (int x = 0; x < MAZE_WIDTH; x++)
    {
        // [6-6-6]床のアスキーアートを宣言する
        char floorAA[] = "   ";

        // [6-6-12]西の壁、中心の床、東の壁を描画する
        printf("%s%s%s",
            maze[y][x].walls[DIRECTION_WEST] ? "|" : " ",
            floorAA,
            maze[y][x].walls[DIRECTION_EAST] ? "|" : " ");
    }

    printf("\n");// [6-6-13]1行描画するごとに改行する
}
```

実行しても東西の壁がまだ設定されていないので、中段には何も表示されません。

■各マスの中段が表示される

最後に、各マスの下段を描画します。南西の柱、南の壁、南東の柱の順に描画して改行します。

```
// [6-6-1]迷路のすべての行を反復する
for (int y = 0; y < MAZE_HEIGHT; y++)
{
    ...

    // [6-6-14]迷路のすべての列を反復する
    for (int x = 0; x < MAZE_WIDTH; x++)
    {
        // [6-6-15]南の壁を描画する
        printf("+%s+", maze[y][x].walls[DIRECTION_SOUTH] ? "—" : "  ");
    }

    printf("\n");// [6-6-16]1行描画するごとに改行する
}
```

実行すると、各マスの下段も描画されます。まだ壁を設定していないので壁の描画は確認できませんが、これでマップを描画する処理ができました。

■各マスの下段が表示される

迷路をランダムで生成する

迷路を生成するアルゴリズム

　本章の迷路はすべてのマスがつながっていて、正解のルートが1つだけになるようにします。迷路のすべてのマスが壁で囲まれた状態から開始して、最初に1本のルートを行き止まりまで掘り進めます。そのルート上の各マスを起点としてそれぞれ掘り進め、さらにその掘り進めた各マスを起点として……という再帰的な処理を、掘るべき壁があるマスがなくなるまで繰り返します。生成されるルートの起点はすべて既存のルート上にあるので、生成されるルートはすべてつながります。また、「どこにもつながっていないマス」にしか掘り進めないことによって、ある地点からもう1つのある地点までのルートは1つだけになります。

　迷路を生成するアルゴリズムを、例を使って解説します。

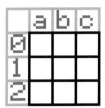

❶迷路の初期状態

3×3の迷路で、すべてのマスが壁に囲まれています。

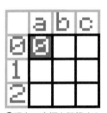

❷現在の座標を記録する

a0から壁を掘り進めていきます。まず、現在の座標a0を、「あとで掘るべきマスのリスト」に追加します。

・あとで掘るべきマスのリスト:{ a0}

　現在の座標a0から北と西のマスは迷路の範囲外なので、掘り進めることはできません。東のb0と南のa1はどこともつながっていないので、掘り進めることが可能です。

❸ランダムで掘り進める

　掘り進めることが可能なマスの中から、ランダムで東のb0が選ばれました。東の壁を掘って、壁の向こう側のマスb0に移動しました。現在の座標b0を、「あとで掘るべきマスのリスト」に追加します。

・あとで掘るべきマスのリスト:{ a0, b0}

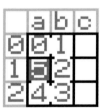

❹行き止まりまで掘り進める

　上記のルールでランダムに壁を掘り進め、行き止まりa1まで到達しました。

・あとで掘るべきマスのリスト:{ a0, b0, b1, b2, a2, a1}

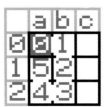

❺先頭の座標に戻る

あとで掘るべきマスのリストの先頭にあるa0に移動しました。しかし北と西は範囲外、東のb0と南のa1はすでにつながっているマスなので、掘り進められるマスが一つもありません。なので、あとで掘るべきマスのリストから先頭の座標(現在の座標でもある)a0を削除します。

- あとで掘るべきマスのリスト:{ a0, b0, b1, b2, a2, a1 }

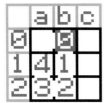

❻先頭の座標を削除する

あとで掘るべきマスのリストの先頭にある座標b0に移動しました。掘るべきマスは東のc0のみです。

❼ランダムで掘り進める

東のc0まで掘り進めました。現在の座標c0を、「あとで掘るべきマスのリスト」に追加します。

- あとで掘るべきマスのリスト:{ b0, b1, b2, a2, a1, c0}

❽行き止まりまで掘り進める

行き止まりのc2まで掘り進めました。

- あとで掘るべきマスのリスト:{ b0, b1, b2, a2, a1, c0, c1, c2}

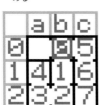

❾先頭の座標に戻る

「あとで掘るべきマスのリスト」の先頭のb0に移動すると、掘るべき壁が一つもないので、「あとで掘るべきマスのリスト」から先頭のb0を削除します。

- あとで掘るべきマスのリスト:{ b0, b1, b2, a2, a1, c0, c1, c2 }

「あとで掘るべきマスのリスト」から、掘るべき壁がないマスを順番に削除していき、リストが空になったら迷路が完成します。

迷路をランダムで作成する処理を呼び出す

それでは上記のアルゴリズムに従って、迷路を生成します。迷路の生成は、ゲームを起動した直後に行われるようにします。

まず、ゲームを初期化する処理を記述する関数 `Init` を宣言します。

```
// [6]関数を宣言する場所

// [6-8]ゲームを初期化する関数を宣言する
void Init()
{
}
```

ゲームを初期化する関数 `Init` を、ゲームの開始直後に呼び出します。

```
// [6-9]プログラムの実行開始点を宣言する
int main()
{
    Init();// [6-9-2]ゲームを初期化する関数を呼び出す

    ...
}
```

迷路をランダム生成する処理を記述する関数 `GenerateMap` を宣言します。

```
// [6]関数を宣言する場所

// [6-5]迷路をランダムで生成する関数を宣言する
void GenerateMap()
{
}

...
```

迷路を生成する関数 `GenerateMap` を、ゲームを初期化する関数 `Init` から呼び出します。

```
// [6-8]ゲームを初期化する関数を宣言する
void Init()
{
    GenerateMap();// [6-8-1]迷路をランダムで生成する関数を呼び出す
}
```

これで、ゲームが起動したときに迷路が生成されるようになります。

迷路のすべてのマスを壁で塞ぐ

　迷路を生成する関数 `GenerateMap` ですべてのマスを反復し、すべての方位を壁で塞ぎます。この状態から壁に穴を開けることで迷路を生成します。

```
// [6-5]迷路をランダムで生成する関数を宣言する
void GenerateMap()
{
    // [6-5-1]迷路のすべての行を反復する
    for (int y = 0; y < MAZE_HEIGHT; y++)
    {
        // [6-5-2]迷路のすべての列を反復する
        for (int x = 0; x < MAZE_WIDTH; x++)
        {
            // [6-5-3]マスのすべての方位を反復する
            for (int i = 0; i < DIRECTION_MAX; i++)
            {
                // [6-5-4]対象の方位を壁にする
                maze[y][x].walls[i] = true;
            }
        }
    }
}
```

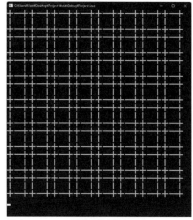

　実行すると、すべてのマスが壁で囲まれます。これで壁の描画もできたことが確認できます。

■すべてのマスが壁で囲まれている

壁を掘る関数を作成する

　ここから壁を掘って迷路を生成しますが、壁を掘るのは少し面倒です。壁を掘ったら、隣のマスから見てこちら側の壁も掘らなければならないからです。また、隣のマスが迷路の範囲外かもしれないので、それもチェッ

クしなければなりません。そこで、壁を掘る処理を作成する前に、座標を指定するための2次元ベクトルの構造体 `VEC2` を宣言します。メンバー変数 `x`、`y` が座標です。

```
// [4]構造体を宣言する場所

// [4-1]ベクトルの構造体を宣言する
typedef struct {
    int x, y;// [4-1-1]座標
} VEC2;

...
```

　壁を掘る処理を記述する関数 `DigWall` を宣言します。引数 `_position` は掘る座標、`_direction` は掘る方位です。

```
// [6]関数を宣言する場所

// [6-3]壁を掘る関数を宣言する
void DigWall(VEC2 _position, int _direction)
{
}
```

　指定した座標が迷路の範囲内かどうかの判定はこのあと何度も必要になるので、関数にしておきます。関数 `IsInsideMaze` を宣言します。引数 `_position` は対象の座標です。対象の座標の各要素を判定し、迷路の範囲内かどうかを返します。

```
// [6]関数を宣言する場所

// [6-2]対象の座標が迷路の範囲内かどうかを判定する関数を宣言する
bool IsInsideMaze(VEC2 _position)
{
    // [6-2-1]対象の座標が迷路の範囲内かどうかを返す
    return (_position.x >= 0)
        && (_position.x < MAZE_WIDTH)
        && (_position.y >= 0)
        && (_position.y < MAZE_HEIGHT);
}
```

　壁を掘る関数 `DigWall` の最初に、対象の座標が迷路の範囲内かどうか判定します。範囲外であれば関数 `DigWall` を抜けます。

```
// [6]関数を宣言する場所

...

// [6-3]壁を掘る関数を宣言する
```

```
void DigWall(int _x, int _y, int _direction)
{
    // [6-3-1]対象の座標が迷路の範囲内かどうかを判定する
    if (!IsInsideMaze(_position))
    {
        return;// [6-3-2]関数を抜ける
    }
}
```

対象のマスの指定された方位の壁を掘ります。

```
// [6-3]壁を掘る関数を宣言する
void DigWall(int _x, int _y, int _direction)
{
    ...

    // [6-3-3]対象の壁を掘る
    maze[_position.y][_position.x].walls[_direction] = false;
}
```

隣のマスの座標を取得するために、各方位のベクトルを保持する配列 directions を宣言します。

```
// [5]変数を宣言する場所

// [5-1]各方位のベクトルを宣言する
VEC2 directions[] =
{
    { 0,-1},    // DIRECTION_NORTH   北
    {-1, 0},    // DIRECTION_WEST    西
    { 0, 1},    // DIRECTION_SOUTH   南
    { 1, 0}     // DIRECTION_EAST    東
};

TILE maze[MAZE_HEIGHT][MAZE_WIDTH];  // [5-15]迷路を宣言する
```

ベクトルを加算する関数 VecAdd を宣言します。引数 _v0 と _v1 を加算したベクトルを返します。

```
// [6]関数を宣言する場所

// [6-1]ベクトルを加算する関数を宣言する
VEC2 VecAdd(VEC2 _v0, VEC2 _v1)
{
    // [6-1-1]ベクトルを加算して返す
    return
    {
        _v0.x + _v1.x,
        _v0.y + _v1.y
    };
```

```
    }
    ...
```

対象のマスの座標に、指定した方位のベクトルを加算して隣のマスの座標を取得し、変数 `nextPosition` に設定します。

```
// [6-3]壁を掘る関数を宣言する
void DigWall(int _x, int _y, int _direction)
{
    ...

    // [6-3-4]隣のマスの座標を宣言する
    VEC2 nextPosition = VecAdd(_position, directions[_direction]);
}
```

隣のマスが迷路の範囲内かどうかを判定します。

```
// [6-3]壁を掘る関数を宣言する
void DigWall(VEC2 _position, int _direction)
{
    ...

    // [6-3-5]隣のマスが迷路の範囲内かどうかを判定する
    if (IsInsideMaze(nextPosition))
    {
    }
}
```

隣の座標が迷路の範囲内であれば、隣の座標から見てこちら側の方位を取得し、壁を掘ります。

```
// [6-3-5]隣のマスが迷路の範囲内かどうかを判定する
if (IsInsideMaze(nextPosition))
{
    // [6-3-6]隣の部屋の掘る壁の方位を宣言する
    int nextDirection = (_direction + 2) % DIRECTION_MAX;

    // [6-3-7]隣の部屋の壁を掘る
    maze[nextPosition.y][nextPosition.x].walls[nextDirection] = false;
}
```

これで壁を掘る関数ができました。

壁を掘ってよいかどうかを判定する

対象の壁を掘ってもよいかどうかを判定する処理を記述する関数 `CanDigWall` を宣言します。引数の `_position` は対象の座標、`_direction` は

対象の方位です。

```
// [6]関数を宣言する場所
...

// [6-4]対象の壁を掘ってもよいかどうかを判定する関数を宣言する
bool CanDigWall(VEC2 _position, int _direction)
{
    return true;// [6-4-7]掘ってもよいという結果を返す
}

...
```

指定された方位のマスの座標を、変数 `nextPosition` に設定します。

```
// [6-4]対象の壁を掘ってもよいかどうかを判定する関数を宣言する
bool CanDigWall(VEC2 _position, int _direction)
{
    // [6-4-1]隣の座標を宣言する
    VEC2 nextPosition = VecAdd(_position, directions[_direction]);

    return true;// [6-4-7]掘ってもよいという結果を返す
}
```

　壁の向こう側のマスが迷路の範囲外であれば、対象の壁は掘ってはいけないという結果を返します。

```
// [6-4]対象の壁を掘ってもよいかどうかを判定する関数を宣言する
bool CanDigWall(VEC2 _position, int _direction)
{
    ...

    // [6-4-2]隣の座標が迷路の範囲内でないかどうかを判定する
    if (!IsInsideMaze(nextPosition))
    {
        return false;// [6-4-3]掘ってはいけないという結果を返す
    }

    return true;// [6-4-7]掘ってもよいという結果を返す
}
```

　隣のマスが未到達、すなわち全方位が壁で埋まっているかどうかを判定します。一つでも壁がない方位があれば、そのマスには到達したことがあるはずなので、対象の壁は掘ってはいけないという結果を返します。

```
// [6-4]対象の壁を掘ってもよいかどうかを判定する関数を宣言する
bool CanDigWall(VEC2 _position, int _direction)
{
    ...
```

```
// [6-4-4]すべての方位を反復する
for (int i = 0; i < DIRECTION_MAX; i++)
{
    // [6-4-5]壁が掘られているかどうかを判定する
    if (!maze[nextPosition.y][nextPosition.x].walls[i])
    {
        return false;// [6-4-6]掘ってはいけないという結果を返す
    }
}

return true;// [6-4-7]掘ってもよいという結果を返す
}
```

　以上のチェックをパスすれば、その壁は掘ってもよいという結果を返します。これで、対象の壁を掘ってもよいかどうかを判定する関数 `CanDigWall` ができました。

最初の通路を生成する

　通路を掘っていく準備ができたので、最初の通路を行き止まりまで掘っていきます。まず、現在の座標を保持する変数 `currentPosition` を宣言して、北西の隅の座標を設定します。

```
// [6-5]迷路をランダムで生成する関数を宣言する
void GenerateMap()
{
    ...

    // [6-5-5]現在の座標を宣言する
    VEC2 currentPosition = { 0, 0 };
}
```

　掘るべき場所はすべて掘っていくので、これから到達するすべてのマスを、あとで掘る通路の開始地点としてリストアップしておきます。そこで、動的配列を使用するために、ベクターヘッダー<vector>をインクルードします。

```
// [1]ヘッダーをインクルードする場所
...
#include <vector>   // [1-5]ベクターヘッダーをインクルードする
```

　あとで掘るべき座標のリストを保持する変数 `toDigWallPositions` を宣言します。

```
// [6-5]迷路をランダムで生成する関数を宣言する
void GenerateMap()
```

```
{
    ...

    // [6-5-6]壁を掘るべきマスのリストを宣言する
    std::vector<VEC2> toDigWallPositions;
}
```

スタート地点のマス `currentPosition` を、あとで掘るべき座標のリスト `toDigWallPositions` に追加します。

```
// [6-5]迷路をランダムで生成する関数を宣言する
void GenerateMap()
{
    ...

    // [6-5-7]壁を掘るべきマスのリストに現在のマスを加える
    toDigWallPositions.push_back(currentPosition);
}
```

このあと掘る壁がなくなるまで掘り続けるので、無限ループに入ります。

```
// [6-5]迷路をランダムで生成する関数を宣言する
void GenerateMap()
{
    ...

    // [6-5-8]無限ループする
    while(1)
    {
    }
}
```

現在のマスで、掘れる壁の方位のリスト `canDigDirections` を宣言します。

```
// [6-5-8]無限ループする
while(1)
{
    // [6-5-9]掘れる壁の方位のリストを宣言する
    std::vector<int> canDigDirections;
}
```

各方位をチェックし、掘れる壁の方位をリスト `canDigDirections` に追加します。

```
// [6-5-8]無限ループする
while(1)
{
    ...

    // [6-5-10]すべての方位を反復する
```

```
for (int i = 0; i < DIRECTION_MAX; i++)
{
    // [6-5-11]対象の方位の壁を掘れるかどうかを判定する
    if (CanDigWall(currentPosition, i))
    {
        // [6-5-12]掘れる壁の方位のリストに追加する
        canDigDirections.push_back(i);
    }
}
```

　これで、現在のマスで掘れる壁の方位のリストができました。次に、掘れる壁があったかどうかで分岐します。

```
// [6-5-8]無限ループする
while(1)
{
    ...

    // [6-5-13]掘れる壁があるかどうかを判定する
    if (canDigDirections.size() > 0)
    {
    }

    // [6-5-18]掘れるがないとき
    else
    {
    }
}
```

　掘る壁をランダムで決定しますが、その前に乱数をシャッフルする必要があります。乱数のシードに現在の時刻を使用するので、時間管理ヘッダー<time.h>をインクルードします。

```
// [1]ヘッダーをインクルードする場所
...
#include <time.h>    // [1-3]時間管理ヘッダーをインクルードする
...
```

　main() 関数に入った直後に、現在の時刻をシードとして乱数をシャッフルします。

```
// [6-9]プログラムの実行開始点を宣言する
int main()
{
    srand((unsigned int)time(NULL));// [6-9-1]乱数をシャッフルする

    ...
}
```

掘れる壁の方位が見つかったら、その中からランダムで選択して変数 `digDirection` に設定します。

```
// [6-5-13]掘れる壁があるかどうかを判定する
if (canDigDirections.size() > 0)
{
    // [6-5-14]掘る壁の方位を宣言する
    int digDirection = canDigDirections[rand() % canDigDirections.size()];
}
```

次に、選択した壁を掘ります。

```
// [6-5-13]掘れる壁があるかどうかを判定する
if (canDigDirections.size() > 0)
{
    ...

    // [6-5-15]対象の壁を掘る
    DigWall(currentPosition, digDirection);
}
```

現在の座標 `currentPosition` を、掘った壁の向こう側に移動します。

```
// [6-5-13]掘れる壁があるかどうかを判定する
if (canDigDirections.size() > 0)
{
    ...

    // [6-5-16]掘った壁の向こう側に移動する
    currentPosition = VecAdd(currentPosition, directions[digDirection]);
}
```

移動してきたマス `currentPosition` は初めて到達したはずなので、あとで壁を掘るマスのリスト `toDigWallPositions` に追加します。

```
// [6-5-13]掘れる壁があるかどうかを判定する
if (canDigDirections.size() > 0)
{
    ...

    // [6-5-17]壁を掘るべきマスの座標リストに現在の座標を加える
    toDigWallPositions.push_back(currentPosition);
}
```

もしも四方に掘るべき壁がなかったら行き止まりなので、現在の座標を、壁を掘るべき座標のリスト `toDigWallPositions` から削除します。現在リストの先頭の座標をチェックしているはずなので、リストの先頭の座標を削除します。

```
// [6-5-18]掘れるがないとき
else
{
    // [6-5-19]壁を掘るべきマスのリストから現在のマスを削除する
    toDigWallPositions.erase(toDigWallPositions.begin());
}
```

掘るべきマスがなくなったら、ループを抜けて迷路の生成を終了します。

```
// [6-5-18]掘れるがないとき
else
{
    ...

    // [6-5-20]壁を掘るべきマスのリストが空かどうかを判定する
    if (toDigWallPositions.size() <= 0)
    {
        break;// [6-5-21]ループを抜ける
    }
}
```

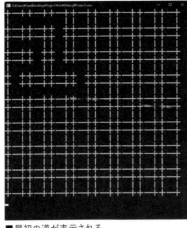

実行すると、最初の通路が行き止まりまで掘られたことが確認できます。

■最初の道が表示される

<hr>

掘るべき壁をすべて掘り尽くす

迷路のすべて壁を掘り尽くすために、最初の通路を行き止まりまで掘り進めたら、次に掘るべき座標リストの先頭に移動して、次の通路を掘り始める……という処理を、掘るべきマスがなくなるまで繰り返します。

```
// [6-5-18]掘れるがないとき
else
```

```
{
    ...
    // [6-5-22]壁を掘るべきマスのリストから、先頭のマスを取得し移動する
    currentPosition = toDigWallPositions.front();
}
```

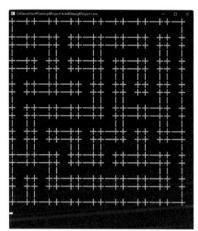

実行すると、今度はすべての掘る べき壁を掘り尽くしたことが確認で きます。これで、迷路のランダム生 成処理ができました。

■すべてのマスがつながる

迷路を移動できるようにする

キーボード入力で迷路内を移動できるようにします。これは擬似3D視点 と共通の操作になります。

マップにプレイヤーを表示する

まず、プレイヤーの現在地点を表示しますが、その前に、プレイヤーの データを保持する構造体 CHARACTER を宣言します。メンバー変数の position は座標、direction は向いている方位です。

```
// [4]構造体を宣言する場所
...

// [4-3]プレイヤーの構造体を宣言する
typedef struct {
    VEC2 position;      // [4-3-1]座標
    int direction;      // [4-3-2]向いている方位
} CHARACTER;
```

プレイヤーのデータを保持する変数 `player` を宣言します。

```
// [5]変数を宣言する場所
...
CHARACTER player;// [5-16]プレイヤーを宣言する
```

ゲームの初期化で、プレイヤーの座標 `position` と方位 `direction` を初期化します。

```
// [6-8]ゲームを初期化する関数を宣言する
void Init()
{
    GenerateMap();// [6-8-1]迷路をランダムで生成する関数を呼び出す

    player.position = { 0,0 };// [6-8-2]プレイヤーの座標を初期化する

    player.direction = DIRECTION_NORTH;// [6-8-3]プレイヤーの方位を初期化する
}
```

各マスの2行目の描画を、対象のマスにプレイヤーがいるかどうかで分岐させます。

```
// [6-6-5]迷路のすべての列を反復する
for (int x = 0; x < MAZE_WIDTH; x++)
{
    ...

    // [6-6-7]プレイヤーの座標を描画中なら
    if ((x == player.position.x) && (y == player.position.y))
    {
    }

    ...
}
```

プレイヤーのいるマスを描画するときに、プレイヤーが向いている方位ごとのアスキーアートを保持する配列 `directionAA` を宣言します。

```
// [6-6-7]プレイヤーの座標を描画中なら
if ((x == player.position.x) && (y == player.position.y))
{
    // [6-6-8]方位のアスキーアートを宣言する
    const char* directionAA[] =
    {
        "↑",    // DIRECTION_NORTH  北
        "←",    // DIRECTION_WEST   西
        "↓",    // DIRECTION_SOUTH  南
        "→"     // DIRECTION_EAST   東
    };
```

```
}
```

　プレイヤーが向いている方向のアスキーアートを、床のアスキーアート
のバッファー `floorAA` へ書き込みます。

```
// [6-6-7]プレイヤーの座標を描画中なら
if ((x == player.position.x) && (y == player.position.y))
{
    ...

    // [6-6-9]床のアスキーアートにプレイヤーのアスキーアートをコピーする
    strcpy_s(floorAA, directionAA[player.direction]);
}
```

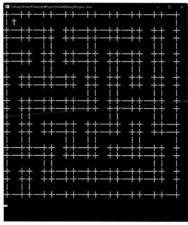

　実行すると、プレイヤーが描画さ
れます。これで、プレイヤーの位置
と方位が確認できます。

■プレイヤーが表示される

キーボード入力でプレイヤーを操作する

　キーボード入力で、迷路を移動できるようにします。wキーで前進、adキーで左右に方向転換、sキーで後ろを向くようにします。

方向転換する

　まずはメインループのキーボード入力処理で、wsadキーのどれが押されたかで分岐します。

```
// [6-9-7]入力されたキーで分岐する
switch (_getch())
{
case 'w':// [6-9-8]wキーが押されたら
```

```
    break;

case 's'://  [6-9-18]sキーが押されたら
    break;

case 'a'://  [6-9-20]aキーが押されたら
    break;

case 'd'://  [6-9-22]dキーが押されたら
    break;
}
```

aキーを押したら、左を向くようにします。

```
// [6-9-7]入力されたキーで分岐する
switch (_getch())
{
...

case 'a'://  [6-9-20]aキーが押されたら

    player.direction++;//  [6-9-21]左を向く

    break;

...
}
```

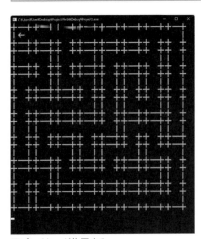

実行してaキーを押すと、左を向きます。

■プレイヤーが旋回する

次に、dキーを押したら、右を向くようにします。

```
// [6-9-7]入力されたキーで分岐する
switch (_getch())
{
...

case 'd':// [6-9-22]dキーが押されたら

    player.direction--;// [6-9-23]右を向く

    break;
}
```

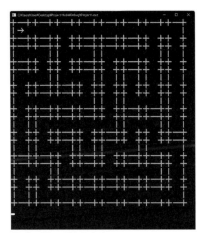

実行して d キーを押すと、メモリのアクセス違反でゲームがクラッシュしてしまいます。これは、プレイヤーの方位の値がマイナスになり、範囲外の方向ベクトルを参照してしまうからです。そこで、方向転換をしたあとで、方位を範囲内にループさせます。

■プレイヤーが右を向く

```
// [6-9-3]メインループ
while (1)
{
    ...

    // [6-9-24]プレイヤーの向いている方位を範囲内に補正する
    player.direction = (DIRECTION_MAX + player.direction) % DIRECTION_MAX;
}
```

実行すると、今度はどんなに旋回してもクラッシュしなくなります。
次に、 s キーを押したら、後ろを向くようにします。

```
// [6-9-7]入力されたキーで分岐する
switch (_getch())
{
...

case 's':// [6-9-18]sキーが押されたら
```

233

```
player.direction += 2;// [6-9-19]後ろを向く

    break;
...
}
```

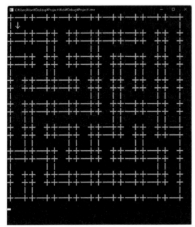

実行して⑤キーを押すと、後ろを向きます。

これで、プレイヤーを方向転換させる処理ができました。

■プレイヤーが後ろを向く

進行方向に前進する

Ｗキーで前進するようにします。

移動する前に、目の前が壁でないかどうかを判定します。

```
// [6-9-7]入力されたキーで分岐する
switch (_getch())
{
case 'w':// [6-9-8]wキーが押されたら

    // [6-9-9]プレイヤーの目の前が壁でないかどうかを判定する
    if (!maze[player.position.y][player.position.x].walls[player.direction])
    {
    }

    break;
...
}
```

目の前が壁でなければ、移動先の座標が迷路の範囲内かどうかを判定するために、移動先の座標を変数 `nextPosition` に設定します。

```
// [6-9-9]プレイヤーの目の前が壁でないかどうかを判定する
if (!maze[player.position.y][player.position.x].walls[player.direction])
{
    // [6-9-10]前進先の座標を宣言する
    VEC2 nextPosition = VecAdd(player.position, directions[player.direction]);
}
```

移動先の座標 nextPosition が迷路の範囲内かどうかを判定し、範囲内であれば移動します。

```
// [6-9-9]プレイヤーの目の前が壁でないかどうかを判定する
if (!maze[player.position.y][player.position.x].walls[player.direction])
{
    ...

    // [6-9-11]前進先の座標が迷路の範囲内かどうかを判定する
    if (IsInsideMaze(nextPosition))
    {
        // [6-9-12]前進先の座標を適用する
        player.position = nextPosition;
    }
}
```

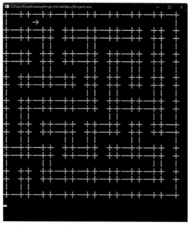

実行して w キーを押すと、前進可能な場合だけ前進するようになります。これでプレイヤーの操作ができました。

■プレイヤーが前進する

迷路を擬似3D描画する

見下ろし型視点で描画している迷路を、今度は擬似3D視点で描画します。

擬似3D描画用のデータを作成する

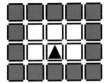

■プレイヤーの視界とその中に存在する壁

　本章のゲームでは工数を減らすために、視界（描画するマス）はプレイヤーのいるマスに隣接する1マスまでとします。

■プレイヤーから見える壁

　本章のダンジョンの壁には、表と裏があります。壁は表面に対してのみ有効で、裏側からは見えず、通り抜けることが可能です。各マスには四方に壁があり、マスの内側を向いている面が表です。ちなみにこの仕様は『ウィザードリィ』のダンジョンを再現可能にするもので、一方通行の通路などのギミックを可能にします。たとえばあるマスに移動して、振り返ったら壁があり、後戻りできなくなった、ということが可能になります。

　プレイヤーの視界内にあるすべての壁を描画する必要はなく、プレイヤーから見える（プレイヤーのほうを向いている）壁のみを描画します。

迷路のアスキーアートを作成する

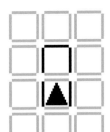

■1マス先までの通路で描画すべき壁

　各壁のアスキーアートを作成する基準となるアスキーアートを作成します。プレイヤーのいるマスの1マス先まで続く一本道があるとします。

この視点から見える迷路を擬似3Dのアスキーアートで描画すると、次のようになります。

　全角文字は1文字あたり複数バイトなので、データとして扱いやすいように1バイトのデータとして保持して、描画のときに全角文字に変換して描画するようにします。

　上記の全角文字のアスキーアートを半角文字列に変換した配列 `all` を宣言します。

　壁の描画は、視点から見て奥の壁から手前の壁を上書きしていきます。壁の縁ではない部分は「　」(全角スペース)で上書きしますが、描画しない部分と区別するために、壁の縁ではない部分を「 # 」、何もない部分を「　」(半角スペース)とします(何もない部分は、コード中では「 ⬚ 」で可視化しています)。

```
// [5]変数を宣言する場所
...

// [5-2]基準となるアスキーアートを宣言する
const char* all =
    "L⬚⬚⬚⬚⬚⬚/\n"
    "#L⬚⬚⬚⬚/#\n"
    "#|L⬚_⬚/|#\n"
    "#|#|#|#|#\n"
    "#|#|_|#|#\n"
    "#|/⬚⬚L|#\n"
    "#/⬚⬚⬚⬚L#\n"
    "/⬚⬚⬚⬚⬚⬚L\n";
```

　このデータをプログラムで使用することはありませんが、このデータをコピーして書き換えることで、各壁のアスキーアートを作成します。

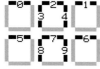

■壁を描画する順番

　また、あとから描画された壁は上書きされるので、プレイヤーの視点から見て奥から順番に描画していきます。それを踏まえて、壁を描画する順番を決めておきます。

描画する順番に、壁のアスキーアートを追加していきます。

■左前方前の壁

```
// [5-3]左前方前の壁のアスキーアートを宣言する
const char* frontLeftNorth =
    "▯▯▯▯▯▯▯▯▯¥n"
    "▯▯▯▯▯▯▯▯▯¥n"
    "▯▯_▯▯▯▯▯▯¥n"
    "▯|#|▯▯▯▯▯¥n"
    "▯|_|▯▯▯▯▯¥n"
    "▯▯▯▯▯▯▯▯▯¥n"
    "▯▯▯▯▯▯▯▯▯¥n"
    "▯▯▯▯▯▯▯▯▯¥n";
```

■右前方前の壁

```
// [5-4]右前方前の壁のアスキーアートを宣言する
const char* frontRightNorth =
    "▯▯▯▯▯▯▯▯▯¥n"
    "▯▯▯▯▯▯▯▯▯¥n"
    "▯▯▯▯▯▯_▯▯¥n"
    "▯▯▯▯▯|#|▯¥n"
    "▯▯▯▯▯|_|▯¥n"
    "▯▯▯▯▯▯▯▯▯¥n"
    "▯▯▯▯▯▯▯▯▯¥n"
    "▯▯▯▯▯▯▯▯▯¥n";
```

■前方前の壁

```
// [5-5]前方前の壁のアスキーアートを宣言する
const char* frontNorth =
    "▯▯▯▯▯▯▯▯▯¥n"
    "▯▯▯▯▯▯▯▯▯¥n"
    "▯▯▯▯_▯▯▯▯¥n"
    "▯▯▯|#|▯▯▯¥n"
    "▯▯▯|_|▯▯▯¥n"
    "▯▯▯▯▯▯▯▯▯¥n"
    "▯▯▯▯▯▯▯▯▯¥n"
    "▯▯▯▯▯▯▯▯▯¥n";
```

■前方左の壁

```
// [5-6]前方左の壁のアスキーアートを宣言する
const char* frontWest =
    "▯▯▯▯▯▯▯▯▯¥n"
    "▯▯▯▯▯▯▯▯▯¥n"
    "▯|L▯▯▯▯▯▯¥n"
    "▯|#|▯▯▯▯▯¥n"
    "▯|#|▯▯▯▯▯¥n"
    "▯|/▯▯▯▯▯▯¥n"
    "▯▯▯▯▯▯▯▯▯¥n"
    "▯▯▯▯▯▯▯▯▯¥n";
```

■前方右の壁

```cpp
// [5-7]前方右の壁のアスキーアートを宣言する
const char* frontEast =
    "□□□□□□□□¥n"
    "□□□□□□□□¥n"
    "□□□□□□/|□¥n"
    "□□□□□|#|□¥n"
    "□□□□□|#|□¥n"
    "□□□□□□L|□¥n"
    "□□□□□□□□¥n"
    "□□□□□□□□¥n";
```

■左方前の壁

```cpp
// [5-8]左方前の壁のアスキーアートを宣言する
const char* leftNorth =
    "□□□□□□□□¥n"
    "_□□□□□□□¥n"
    "#|□□□□□□□¥n"
    "#|□□□□□□□¥n"
    "#|□□□□□□□¥n"
    "_|□□□□□□□¥n"
    "□□□□□□□□¥n"
    "□□□□□□□□¥n";
```

■右方前の壁

```cpp
// [5-9]右方前の壁のアスキーアートを宣言する
const char* rightNorth =
    "□□□□□□□□¥n"
    "□□□□□□□_¥n"
    "□□□□□□□|#¥n"
    "□□□□□□□|#¥n"
    "□□□□□□□|#¥n"
    "□□□□□□□|_¥n"
    "□□□□□□□□¥n"
    "□□□□□□□□¥n";
```

■前の壁

```cpp
// [5-10]前の壁のアスキーアートを宣言する
const char* north =
    "□□□□□□□□¥n"
    "□□_____□□¥n"
    "□|#####|□¥n"
    "□|#####|□¥n"
    "□|#####|□¥n"
    "□|_____|□¥n"
    "□□□□□□□□¥n"
    "□□□□□□□□¥n";
```

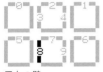

■左の壁

```
// [5-11]左の壁のアスキーアートを宣言する
const char* west =
    "L□□□□□□□□¥n"
    "#L□□□□□□□¥n"
    "#|□□□□□□□¥n"
    "#|□□□□□□□¥n"
    "#|□□□□□□□¥n"
    "#|□□□□□□□¥n"
    "#/□□□□□□□¥n"
    "/□□□□□□□□¥n";
```

■右の壁

```
// [5-12]右の壁のアスキーアートを宣言する
const char* east =
    "□□□□□□□□/¥n"
    "□□□□□□□/#¥n"
    "□□□□□□□|#¥n"
    "□□□□□□□|#¥n"
    "□□□□□□□|#¥n"
    "□□□□□□□|#¥n"
    "□□□□□□□L#¥n"
    "□□□□□□□□L¥n";
```

これで壁のアスキーアートができました。

アスキーアート参照用のテーブルを作成する

描画すべき各壁のプレイヤーからの相対位置をもとに、上記のアスキーアートを参照するためのテーブルを作成します。

■プレイヤーの視界内の
マスの、プレイヤーか
らの相対位置

プレイヤーの視界内で描画するマスは、前方3マス（左前、前、右前）と、プレイヤーのいるマス（中心）と、左右のマス（左、右）です。

これらのマスの相対位置を、描画する順で列挙タグを宣言します。

```
// [3]列挙定数を定義する場所
...
// [3-2]プレイヤーからの相対位置の種類を定義する
```

```
enum
{
    LOCATION_FRONT_LEFT,      // [3-2-1]左前
    LOCATION_FRONT_RIGHT,     // [3-2-2]右前
    LOCATION_FRONT,           // [3-2-3]前
    LOCATION_LEFT,            // [3-2-4]左
    LOCATION_RIGHT,           // [3-2-5]右
    LOCATION_CENTER,          // [3-2-6]中心
    LOCATION_MAX              // [3-2-7]位置の数
};
```

壁の描画は、プレイヤーの視点から見える壁のみとします。

■プレイヤーの視点から
　見える壁

　それを踏まえて、壁のアスキーアートを参照するテーブルを作成します。プレイヤーの視点から見えない壁は描画しないので、アスキーアートなしとします。

```
// [5]変数を宣言する場所
...

// [5-13]アスキーアートのテーブルを宣言する
const char* aaTable[LOCATION_MAX][DIRECTION_MAX] =
{
    // LOCATION_FRONT_LEFT  左前
    {
        frontLeftNorth,     // DIRECTION_NORTH  北
        NULL,               // DIRECTION_WEST   西
        NULL,               // DIRECTION_SOUTH  南
        NULL                // DIRECTION_EAST   東
    },

    // LOCATION_FRONT_RIGHT 右前
    {
        frontRightNorth,    // DIRECTION_NORTH  北
        NULL,               // DIRECTION_WEST   西
        NULL,               // DIRECTION_SOUTH  南
        NULL                // DIRECTION_EAST   東
    },

    // LOCATION_FRONT       前
    {
        frontNorth,         // DIRECTION_NORTH  北
```

```
        frontWest,          // DIRECTION_WEST    西
        NULL,               // DIRECTION_SOUTH   南
        frontEast           // DIRECTION_EAST    東
    },

    // LOCATION_LEFT        左
    {
        leftNorth,          // DIRECTION_NORTH   北
        NULL,               // DIRECTION_WEST    西
        NULL,               // DIRECTION_SOUTH   南
        NULL                // DIRECTION_EAST    東
    },

    // LOCATION_RIGHT       右
    {
        rightNorth,         // DIRECTION_NORTH   北
        NULL,               // DIRECTION_WEST    西
        NULL,               // DIRECTION_SOUTH   南
        NULL                // DIRECTION_EAST    東
    },

    // LOCATION_CENTER      中心
    {
        north,              // DIRECTION_NORTH   北
        west,               // DIRECTION_WEST    西
        NULL,               // DIRECTION_SOUTH   南
        east                // DIRECTION_EAST    東
    }
};
```

視界内の相対座標のテーブルを作成する

　プレイヤーから見た各マスの相対座標は、プレイヤーが向いている方向によって変わります。

■北を向いているとき　　■西を向いているとき　　■南を向いているとき　　■東を向いているとき

　それを踏まえて、プレイヤーが向いている方位ごとの、プレイヤーからの相対座標の配列 `locations` を宣言します。

```
// [5]変数を宣言する場所
...

// [5-14]プレイヤーからの相対座標のテーブルを宣言する
VEC2 locations[DIRECTION_MAX][LOCATION_MAX] =
{
    // DIRECTION_NORTH  北
    {
        {-1,-1},    // LOCATION_FRONT_LEFT  左前
        { 1,-1},    // LOCATION_FRONT_RIGHT 右前
        { 0,-1},    // LOCATION_FRONT       前
        {-1, 0},    // LOCATION_LEFT        左
        { 1, 0},    // LOCATION_RIGHT       右
        { 0, 0}     // LOCATION_CENTER      中心
    },

    // DIRECTION_WEST   西
    {
        {-1, 1},    // LOCATION_FRONT_LEFT  左前
        {-1,-1},    // LOCATION_FRONT_RIGHT 右前
        {-1, 0},    // LOCATION_FRONT       前
        { 0, 1},    // LOCATION_LEFT        左
        { 0,-1},    // LOCATION_RIGHT       右
        { 0, 0}     // LOCATION_CENTER      中心
    },

    // DIRECTION_SOUTH  南
    {
        { 1, 1},    // LOCATION_FRONT_LEFT  左前
        {-1, 1},    // LOCATION_FRONT_RIGHT 右前
        { 0, 1},    // LOCATION_FRONT       前
        { 1, 0},    // LOCATION_LEFT        左
        {-1, 0},    // LOCATION_RIGHT       右
        { 0, 0}     // LOCATION_CENTER      中心
    },

    // DIRECTION_EAST   東
    {
        { 1,-1},    // LOCATION_FRONT_LEFT  左前
        { 1, 1},    // LOCATION_FRONT_RIGHT 右前
        { 1, 0},    // LOCATION_FRONT       前
        { 0,-1},    // LOCATION_LEFT        左
        { 0, 1},    // LOCATION_RIGHT       右
        { 0, 0}     // LOCATION_CENTER      中心
    }
};
```

これで擬似3D視点の描画に必要なデータがそろいました。

擬似3D視点を描画する処理を記述する関数 `Draw3D` を宣言します。

```
// [6]関数を宣言する場所
...

// [6-7]迷路を擬似3D視点で描画する関数を宣言する
void Draw3D()
{
}

...
```

擬似3D視点をマップの上に描画するので、マップを描画する前に擬似3D描画の関数 `Draw3D` を呼び出します。

```
// [6-9-3]メインループ
while (1)
{
    system("cls");// [6-9-4]画面をクリアする

    // [6-9-5]迷路を擬似3D視点で描画する関数を呼び出す
    Draw3D();

    ...
}
```

これで、メインループの中で擬似3D視点が描画されるようになります。

描画用のアスキーアートを合成する

擬似3D視点を描画するために、各壁のアスキーアートを一つのアスキーアートに合成する必要があります。そこで、合成用したアスキーアートを保持する画面バッファーの配列 `screen` を宣言します。配列のサイズを、各壁のアスキーアートと同じになるようにします。

```
// [6-7]迷路を擬似3D描画する関数を宣言する
void Draw3D()
{
    // [6-7-1]画面バッファーを宣言する
    char screen[] =
        "□□□□□□□□□¥n"
        "□□□□□□□□□¥n"
        "□□□□□□□□□¥n"
        "□□□□□□□□□¥n"
        "□□□□□□□□□¥n"
        "□□□□□□□□□¥n"
```

```
        "□□□□□□□□□¥n"
        "□□□□□□□□□¥n";
}
```

プレイヤーからのすべての相対位置を反復します。

```
// [6-7]迷路を擬似3D描画する関数を宣言する
void Draw3D()
{
    ...

    // [6-7-2]すべての相対位置を反復する
    for (int i = 0; i < LOCATION_MAX; i++)
    {
    }
}
```

相対座標にプレイヤーの座標を加算して絶対座標を取得し、変数 `position` に設定します。

```
// [6-7-2]すべての相対位置を反復する
for (int i = 0; i < LOCATION_MAX; i++)
{
    // [6-7-3]絶対位置を宣言する
    VEC2 position = VecAdd(player.position, locations[player.direction][i]);
}
```

対象の座標が迷路の範囲内かどうかを判定して、範囲外であれば描画しないので、このあとの処理をスキップします。

```
// [6-7-2]すべての相対位置を反復する
for (int i = 0; i < LOCATION_MAX; i++)
{
    ...

    // [6-7-4]絶対位置が迷路の範囲外かどうかを判定する
    if (!IsInsideMaze(position))
        continue;// [6-7-5]次の相対位置へスキップする
}
```

壁を描画するために、すべての方位を反復します。

```
// [6-7-2]すべての相対位置を反復する
for (int i = 0; i < LOCATION_MAX; i++)
{
    ...

    // [6-7-6]すべての方位を反復する
    for (int j = 0; j < DIRECTION_MAX; j++)
    {
```

```
      }
}
```

　対象の方位を、プレイヤーからの相対方位に変換して、変数 `direction` に
設定します。プレイヤーからの相対方位 `direction` は、絶対方位 `j` からプ
レイヤーの方位 `player.direction` を減算して取得します。

```
// [6-7-6]すべての方位を反復する
for (int j = 0; j < DIRECTION_MAX; j++)
{
    // [6-7-7]プレイヤーからの相対方位を宣言する
    int direction = (DIRECTION_MAX + j - player.direction) % DIRECTION_MAX;
}
```

　対象の方位に壁があるかどうかを判定して、なければこのあとの処理を
スキップします。

```
// [6-7-6]すべての方位を反復する
for (int j = 0; j < DIRECTION_MAX; j++)
{
    ...

    // [6-7-8]対象の壁がないかどうかを判定する
    if (!maze[position.y][position.x].walls[j])
    {
        continue;// [6-7-9]次の方位へスキップする
    }
}
```

　アスキーアートのテーブル `aaTable` を参照して、対象の壁のアスキーア
ートがなければこのあとの処理をスキップします。

```
// [6-7-6]すべての方位を反復する
for (int j = 0; j < DIRECTION_MAX; j++)
{
    ...

    // [6-7-10]合成するアスキーアートがないかどうかを判定する
    if (!aaTable[i][direction])
    {
        continue;// [6-7-11]次の相対位置へスキップする
    }
}
```

　対象の壁を描画することが確定したので、対象のアスキーアートを画面
バッファー `screen` に書き込みます。「　」(半角スペース)以外であれば描
画します。

```
// [6-7-6]すべての方位を反復する
for (int j = 0; j < DIRECTION_MAX; j++)
{
    ...

    // [6-7-12]画面バッファーのすべての文字を反復する
    for (int k = 0; k < sizeof(screen); k++)
    {
        // [6-7-13]対象の文字がスペースでないかどうか判定する
        if (aaTable[i][direction][k] != ' ')
        {
            // [6-7-14]画面バッファーに合成するアスキーアートを書き込む
            screen[k] = aaTable[i][direction][k];
        }
    }
}
```

これで描画用に合成された画面バッファー `screen` ができました。

迷路を描画する

画面バッファー `screen` の内容を描画します。まずは、バッファー内の
すべての文字を反復します。

```
// [6-7]迷路を擬似3D描画する関数を宣言する
void Draw3D()
{
    ...

    // [6-7-15]画面バッファーのすべての文字を反復する
    for (int i = 0; i < sizeof(screen); i++)
    {
    }
}
```

バッファー内の文字は半角文字で保持されていますが、これを全角文字
に変換して描画します。改行文字はそのまま描画するので、改行も行われ
ます。

```
// [6-7-15]画面バッファーのすべての文字を反復する
for (int i = 0; i < sizeof(screen); i++)
{
    // [6-7-16]画面バッファーの半角文字を全角文字に変換して描画する
    switch (screen[i])
    {
    case ' ':  printf("　");    break; // [6-7-17]「 」を「　」として描画する
    case '#':  printf("　");    break; // [6-7-18]「#」を「　」として描画する
    case '_':  printf("＿");    break; // [6-7-19]「_」を「＿」として描画する
    case '|':  printf("｜");    break; // [6-7-20]「|」を「｜」として描画する
```

```
case '/':    printf("／");    break; // [6-7-21]「/」を「／」として描画する
case 'L':    printf("＼");    break; // [6-7-22]「L」を「＼」として描画する
default:

    // [6-7-23]上記以外の文字はそのまま描画する
    printf("%c", screen[i]);

    break;
}
}
```

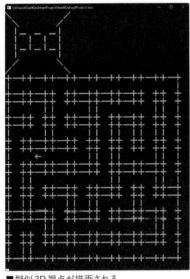

実行すると、地図の上に擬似3D視点で迷路が描画されます。これで、擬似3D視点の描画ができました。

■擬似3D視点が描画される

クエストを追加する

最後に、簡単なクエストを追加します。この迷路のどこかに魔除けがあり、そこに到達したらクリアとします。

プレイヤーがゴールに到達したかどうかを判定する

魔除けのある場所をゴールとします。地図の北西の隅がスタートなので、そこから最も離れた南東の隅をゴールとします。ゴールの座標のマク

ロ `GOAL_X` 、`GOAL_Y` を定義します。

```
// [2]定数を定義する場所
...

#define GOAL_X  (MAZE_WIDTH - 1)    // [2-3]ゴールの列を定義する
#define GOAL_Y  (MAZE_HEIGHT - 1)   // [2-4]ゴールの行を定義する
```

　ゴールが正しく定義されたか確認するために、マップ上のゴールの座標にゴールのアスキーアートを描画します。床のアスキーアートをプレイヤーのアスキーアートに書き換えているところで、ゴールの座標ではゴールのアスキーアート「 G 」に書き換えます。

```
// [6-6-7]プレイヤーの座標を描画中なら
if ((x == player.position.x) && (y == player.position.y))
{
    ...
}

// [6-6-10]ゴールの座標を描画中なら
else if ((x == GOAL_X) && (y == GOAL_Y))
{
    // [6-6-11]床のアスキーアートにゴールのアスキーアートをコピーする
    strcpy_s(floorAA, "G");
}
```

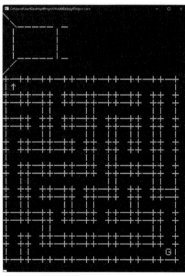

　実行すると、ゴールの座標にゴールのアスキーアート G が描画されます。

■ゴールが描画される

プレイヤーが前進するごとに、ゴールに到達したかどうかを判定します。

```
// [6-9-11]前進先の座標が迷路の範囲内かどうかを判定する
if (IsInsideMaze(nextPosition))
{
    ...

    // [6-9-13]ゴールに到達したかどうかを判定する
    if ((player.position.x == GOAL_X) && (player.position.y == GOAL_Y))
    {
    }
}
```

エンディングのメッセージを表示する

ゴールに到達したなら、画面をクリアしてからエンディングのメッセージを表示して、キーボード入力待ち状態にします。

```
// [6-9-13]ゴールに到達したかどうかを判定する
if ((player.position.x == GOAL_X) && (player.position.y == GOAL_Y))
{

    system("cls");// [6-9-14]画面をクリアする

    // [6-9-15]メッセージを表示する
    printf(
        " ＊ ＊ C O N G R A T U L A T I O N S ＊ ＊\n"
        "\n"
        " あなたはついに　でんせつのまよけを　てにいれた！\n"
        "\n"
        " しかし、くらくをともにした　「なかま」という\n"
        "かけがえのない　たからをてにした　あなたにとって、\n"
        "まよけのかがやきも　いろあせて　みえるのであった…\n"
        "\n"
        "             ～ T H E  E N D ～\n");

    _getch();// [6-9-16]キーボード入力を待つ
}
```

■エンディング

実行してゴールに到達すると、エンディングのメッセージが表示されるようになります。

　最後に、エンディングを終了したらゲームをリセットして、違う迷路でプレイできるようにします。

　エンディングが終わったら、ゲームを初期化します。

```
// [6-9-13]ゴールに到達したかどうかを判定する
if ((player.position.x == GOAL_X) && (player.position.y == GOAL_Y))
{
    ...

    Init();// [6-9-17]ゲームを初期化する
}
```

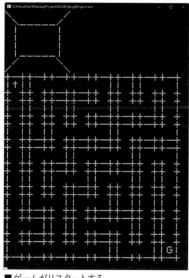

■ゲームがリスタートする

　エンディング画面で何かキーを押すと、新しい迷路が生成されて、リスタートとなります。

　おめでとうございます！擬似3Dダンジョンゲームが完成しました。本章では工数を減らすためにアスキーアートの数を減らしたため、視界が狭くなってしまいましたが、視界を広げればより見栄えが良くなります。また戦闘シーンなどを追加して、本格的なRPGに挑戦してみるのもおもしろいでしょう。

第 7 章

戦国シミュレーションゲームを
作成する

秀吉も仰天！一夜で戦国シミュレーション

「進軍」コマンドしかない、シンプルな戦国シミュレーションゲーム

　本章では、日本の戦国時代を舞台とした戦略シミュレーションゲーム（以下「戦国SLG」）を作成します。プレイヤーは任意の戦国大名となり、隣国を攻め落として勢力を拡大し、天下統一を目指します。

　実装する戦略コマンドは兵を移動する「進軍」だけですが、周辺国の状況を見ながら、どこにどれだけの兵力で攻めるか、守備兵はどれだけ残すか、それとも攻めずに敵の隙をうかがうか、などの戦略性があります。

■本章のゲームの画面

　大名は10人しか登場しませんが、日本全国をカバーしています。順調に勢力を拡大し天下人のサクセスストーリーを味わえることもあれば、序盤で運悪く滅亡してしまうことや、圧倒的に成長した敵勢力に絶望してしまうこともあるでしょう。また終盤には、勢力を伸ばした敵勢力との天下分け目の大決戦が起こるかもしれません。

本章の戦国シミュレーションゲームの時代背景

　戦国SLGは、その時代背景や登場人物を知ることで、よりおもしろくなります。そこで、当時の時代背景と、登場する戦国大名の概要、その一族が歴史にどのような影響を及ぼしたかを解説します。

時代設定──1570年 信長の天下布武前夜

「戦国時代」は、室町時代に起きた「応仁の乱」や「明応の政変」によって室町幕府の権威が失墜し、地方の大名が独立性を強めたことから始まりました。末期になると、頭角を現した織田信長によって室町幕府が滅ぼされ、豊臣秀吉が全国を統一することによって戦国時代は終焉し、徳川家康による天下泰平の江戸時代が訪れます。

■戦国時代の天下統一までの出来事

西暦	出来事
1560年	織田信長が今川義元を討つ（桶狭間の戦い）
1561年	松平元康（徳川家康）が今川家から独立、織田信長と同盟（清洲同盟）
1568年	織田信長が足利義昭を奉じて上洛　足利義昭が15代征夷大将軍に就任
1573年	織田信長が足利義昭を追放、室町幕府が滅亡
1582年	織田信長が明智光秀の謀反で自害（本能寺の変）　羽柴秀吉（豊臣秀吉）が明智光秀に勝利（山崎の戦い）
1591年	豊臣秀吉が天下を統一する
1598年	豊臣秀吉が病死
1600年	徳川家康が石田三成（豊臣軍）に勝利（関ヶ原の戦い）
1615年	徳川家康が豊臣家を滅ぼす（大阪夏の陣）

ゲームが開始する年については、次の要件を満たす1570年としました。

- 徳川家康が大名として独立しており、「徳川家康」に改名済みである
- 織田信長が最も恐れたと言われる武田信玄と上杉謙信が存命であり、それぞれが最も有名な名前に改名済みである
- 室町幕府が滅びていない（織田信長が力を付け過ぎず、室町幕府最後の将軍足利義昭として室町幕府復興プレイが可能である）

戦国大名列伝

本章のゲームで登場する大名は、1回のキーボード入力で番号（0〜9）を指定できる10名としました。選考基準は、家の知名度、のちの勢力圏、歴史上での影響度などです。

織田信長

地方大名から天下
人に成り上がる
「織田信長」

「桶狭間の戦い」で今川義元を倒したのを皮切りに、足利義昭を奉じて上洛し、天下統一間近まで勢力を拡大します。豊臣秀吉、徳川家康と並ぶ戦国「三英傑」の一人です。家臣の明智光秀による謀反「本能寺の変」で自害し、その後の織田家内部の権力争いで勝利した羽柴秀吉(のちの天下人、豊臣秀吉)に織田家の後継の地位を簒奪されます。

武田信玄

最強の騎馬軍団を
率いる「武田信玄」

「風林火山」の旗印で有名な武田の騎馬隊は、戦国時代最強とも言われます。生涯のライバルである「軍神」上杉謙信と「川中島の戦い」で互角に渡り合い、「三方ヶ原の戦い」では織田・徳川連合軍に圧勝します。「西上作戦」の途上に病死、その後武田家は織田信長によって滅ぼされます。

上杉謙信

戦国最強の軍神
「上杉謙信」

はとんど戦で負けたことのない、戦国時代最強と名高い大名です。織田家の主力部隊との合戦「手取川の戦い」にも圧勝します。私欲による領土の拡大をほとんどせず、義のために戦った「義将」と言われています。織田信長が天下統一しつつある中、病で急死します。その後上杉家は豊臣、徳川に臣従し、幕末まで残ります。

徳川家康

戦国の最終的な
勝者「徳川家康」

幼少期は主君の今川義元の人質でしたが、「桶狭間の戦い」の混乱に乗じて大名として独立し、織田信長と同盟を結んで勢力を拡大します。豊臣秀吉に臣従するも、秀吉が没した翌々年に起こる豊臣家の内乱「関ヶ原の戦い」で勝利して天下人になる、戦国時代の最終的な勝者です。

北条氏政
（ほうじょううじまさ）

天下人の秀吉に
最後まで抗った
「北条氏政」

豊臣秀吉に滅ぼされるまで、関東を100年支配した「後北条氏」の4代目です。軍神と恐れられる上杉謙信の攻撃を凌いだ、難攻不落の小田原城を、天下統一間近の豊臣秀吉に攻められ、降伏して切腹し、北条家は滅亡します。

足利義昭
（あしかがよしあき）

室町幕府最後の
将軍「足利義昭」

兄の将軍義輝が暗殺されたことから各地を放浪するも、織田信長に奉じられ上洛し将軍になる、室町幕府最後の将軍です。その後、力を付け過ぎた信長に反旗を翻すも破れ、追放されて室町幕府は滅亡します。

毛利元就
（もうりもとなり）

謀略を巡らし中国
地方を制覇
「毛利元就」

安芸の小国から勢力を拡大し、中国地方を制覇します。戦国SLG界隈では、最も知略に長けた謀将とされています。元就亡きあとの毛利家は秀吉に臣従し、「関ケ原の戦い」では日和見をして生き残り、幕末まで残ります。

伊達輝宗
（だててるむね）

独眼竜政宗の父
「伊達輝宗」

独眼竜として有名な正宗の父です。輝宗亡きあと、嫡男の正宗が秀吉に臣従しますが、伊達家は幕末まで残ります。

島津義久

のちに九州を制覇する島津家の 16 代目です。秀吉の「九州征伐」で降伏するも、島津家は幕末まで残り、徳川幕府を「大政奉還」に追い込む西郷隆盛や大久保利通などの志士を輩出します。

強豪犇めく九州を
制する「島津義久」

長宗我部元親

のちに四国を制覇しますが、秀吉の「四国攻め」で降伏します。元親の没後、後継の四男、盛親が「関ヶ原の戦い」で西軍に参戦、敗北し、勝者の徳川家康によって長宗我部家は改易（所領を没収）されます。長宗我部家の旧臣やその子孫たちは「郷士」という下級武士として扱われますが、幕末にはその郷士の中から、坂本龍馬などの「明治維新」に関わる志士が誕生します。

四国の覇者
「長宗我部元親」

プログラムの基本構造を作成する

プログラムのベース部分を作成する

最初に、ソースファイルのどこに何を記述するかを、コメントとして記述しておきます。

```
// [1]ヘッダーをインクルードする場所
```

```
// [2]定数を定義する場所
```

```
// [3]列挙定数を定義する場所
```

```
// [4]構造体を宣言する場所
```

```
// [5]変数を宣言する場所
```

```
// [6]関数を宣言する場所
```

プログラムの実行開始点である `main()` 関数を宣言します。

```
// [6]関数を宣言する場所

// [6-5]プログラムの実行開始点を宣言する
int main()
{
}
```

実行するとウィンドウが一瞬表示されて終了してしまうので、プログラムを続行するためにメインループを追加します。

```
// [6-5]プログラムの実行開始点を宣言する
int main()
{
    // [6-5-5]メインループ
    while (1)
    {
    }
}
```

実行すると、今度はプログラムが続行するようになります。

コンソールの設定

コンソールのプロパティは、フォントのサイズを28、画面バッファーとウィンドウの幅を62、高さを30に設定します。

■フォントの設定

■レイアウトの設定

地図を描画する

地図の描画に必要なデータを作成します。

大名のデータを作成する

登場する大名の種類を定義します。

```
// [3]列挙定数を定義する場所

// [3-1]大名の種類を定義する
enum
{
    LORD_DATE,      // [3-1- 1]伊達輝宗
    LORD_UESUGI,    // [3-1- 2]上杉謙信
    LORD_TAKEDA,    // [3-1- 3]武田信玄
    LORD_HOJO,      // [3-1- 4]北条氏政
    LORD_TOKUGAWA,  // [3-1- 5]徳川家康
    LORD_ODA,       // [3-1- 6]織田信長
    LORD_ASHIKAGA,  // [3-1- 7]足利義昭
    LORD_MORI,      // [3-1- 8]毛利元就
    LORD_CHOSOKABE, // [3-1- 9]長宗我部元親
    LORD_SIMAZU,    // [3-1-10]島津義久
    LORD_MAX        // [3-1-11]種類の数
};
```

各大名のデータを保持する構造体 `LORD` を宣言します。メンバー変数
の `familyName` は姓、`firstName` は名です。

```
// [4]構造体を宣言する場所

// [4-1]大名の構造体を宣言する
typedef struct {
    char familyName[16];    // [4-1-1]姓
    char firstName[16];     // [4-1-2]名
} LORD;
```

大名のデータの配列 `lords` を宣言して、名前を設定します。

```
// [5]変数を宣言する場所

// [5-1]大名の配列を宣言する
LORD lords[LORD_MAX] =
{
    {"伊達",    "輝宗"},    // [5-1- 1]LORD_DATE      伊達輝宗
    {"上杉",    "謙信"},    // [5-1- 2]LORD_UESUGI    上杉謙信
    {"武田",    "信玄"},    // [5-1- 3]LORD_TAKEDA    武田信玄
    {"北条",    "氏政"},    // [5-1- 4]LORD_HOJO      北条氏政
    {"徳川",    "家康"},    // [5-1- 5]LORD_TOKUGAWA  徳川家康
```

```
    {"織田",   "信長"},    // [5-1- 6]LORD_ODA        織田信長
    {"足利",   "義昭"},    // [5-1- 7]LORD_ASHIKAGA   足利義昭
    {"毛利",   "元就"},    // [5-1- 8]LORD_MORI       毛利元就
    {"長宗我部","元親"},    // [5-1- 9]LORD_CHOSOKABE  長宗我部元親
    {"島津",   "義久"}     // [5-1-10]LORD_SIMAZU     島津義久
};
```

これで大名のデータができました。

城のデータを作成する

各大名の拠点である城のデータを作成します。まず、城の種類を定義します。

```
// [3]列挙定数を定義する場所
...

// [3-2]城の種類を定義する
enum
{
    CASTLE_YONEZAWA,        // [3-2- 1]米沢城
    CASTLE_KASUGAYAMA,      // [3-2- 2]春日山城
    CASTLE_TSUTSUJIGASAKI,  // [3-2- 3]躑躅ヶ崎館
    CASTLE_ODAWARA,         // [3-2- 4]小田原城
    CASTLE_OKAZAKI,         // [3-2- 5]岡崎城
    CASTLE_GIFU,            // [3-2- 6]岐阜城
    CASTLE_NIJO,            // [3-2- 7]二条城
    CASTLE_YOSHIDAKORIYAMA, // [3-2- 8]吉田郡山城
    CASTLE_OKO,             // [3-2- 9]岡豊城
    CASTLE_UCHI,            // [3-2-10]内城
    CASTLE_MAX              // [3-2-11]種類の数
};
```

城のデータを保持する構造体 CASTLE を宣言します。メンバー変数の name は名前、owner は城を所有する大名、troopCount は兵数です。

```
// [4]構造体を宣言する場所
...

// [4-2]城の構造体を宣言する
typedef struct {
    const char* name;       // [4-2-1]名前
    int         owner;      // [4-2-2]城主
    int         troopCount; // [4-2-3]兵数
} CASTLE;
```

城の兵数の基本値を、マクロ TROOP_BASE で定義します。

```
// [2]定数を定義する場所

#define TROOP_BASE  (5) // [2-1]基本兵数を定義する
```

城のデータの配列 `castles` を宣言して、データを設定します。

```
// [5]変数を宣言する場所
...

// [5-2]城の配列を宣言する
CASTLE castles[CASTLE_MAX] =
{
    // [5-2-1]CASTLE_YONEZAWA    米沢城
    {
        "米沢城",     // const char* name         名前
        LORD_DATE,   // int owner                城主
        TROOP_BASE,  // int troopCount           兵数
    },

    // [5-2-2]CASTLE_KASUGAYAMA 春日山城
    {
        "春日山城",    // const char* name         名前
        LORD_UESUGI, // int owner                城主
        TROOP_BASE,  // int troopCount           兵数
    },

    // [5-2-3]CASTLE_TSUTSUJIGASAKI 躑躅ヶ崎館
    {
        "躑躅ヶ崎館",  // const char* name         名前
        LORD_TAKEDA, // int owner                城主
        TROOP_BASE,  // int troopCount           兵数
    },

    // [5-2-4]CASTLE_ODAWARA     小田原城
    {
        "小田原城",   // const char* name         名前
        LORD_HOJO,   // int owner                城主
        TROOP_BASE,  // int troopCount           兵数
    },

    // [5-2-5]CASTLE_OKAZAKI     岡崎城
    {
        "岡崎城",      // const char* name         名前
        LORD_TOKUGAWA, // int owner              城主
        TROOP_BASE,  // int troopCount           兵数
    },

    // [5-2-6]CASTLE_GIFU     岐阜城
    {
        "岐阜城",      // const char* name         名前
        LORD_ODA,    // int owner                城主
        TROOP_BASE,  // int troopCount           兵数
```

```
    },
```

```
    // [5-2-7]CASTLE_NIJO    二条城
    {
        "二条城",        // const char* name    名前
        LORD_ASHIKAGA,  // int owner           城主
        TROOP_BASE,     // int troopCount      兵数
    },
```

```
    // [5-2-8]CASTLE_YOSHIDAKORIYAMA    吉田郡山城
    {
        "吉田郡山城",     // const char* name    名前
        LORD_MORI,      // int owner           城主
        TROOP_BASE,     // int troopCount      兵数
    },
```

```
    // [5-2-9]CASTLE_OKO    岡豊城
    {
        "岡豊城",         // const char* name    名前
        LORD_CHOSOKABE, // int owner           城主
        TROOP_BASE,     // int troopCount      兵数
    },
```

```
    // [5-2-10]CASTLE_UCHI    内城
    {
        "内城",          // const char* name    名前
        LORD_SIMAZU,    // int owner           城主
        TROOP_BASE,     // int troopCount      兵数
    }
};
```

これで城のデータができました。

年のデータを作成する

ゲームが開始する年のマクロ START_YEAR を定義します。

```
// [2]定数を定義する場所

#define TROOP_BASE  (5)     // [2-1]基本兵数を定義する
#define START_YEAR  (1570)  // [2-4]開始年を定義する
```

現在の年を保持する変数 year を宣言します。

```
// [5]変数を宣言する場所
...

int year;  // [5-3]現在の年を宣言する
```

現在の年を初期化するために、ゲームを初期化する処理を記述する関数 `Init` を宣言します。

```
// [6]関数を宣言する場所

// [6-3]ゲームを初期化する関数を宣言する
void Init()
{
}

...
```

ゲーム開始直後に、ゲームを初期化する関数 `Init` を呼び出します。

```
// [6-5]プログラムの実行開始点を宣言する
int main()
{
    Init();// [6-5-4]ゲームをリセットする関数を呼び出す

    ...
}
```

これで、ゲーム開始直後に初期化が行われるようになります。

次に、ゲームを初期化する関数 `Init` で現在の年を、ゲームの開始年で初期化します。

```
// [6-3]ゲームを初期化する関数を宣言する
void Init()
{
    year = START_YEAR;// [6-3-1]年をリセットする
}
```

これで地図の描画に必要なデータがそろいました。

地図を描画する処理を呼び出す

画面の再描画はゲーム中の複数の場所で必要になるので、関数にしておきます。画面の基本部分を描画する処理を記述する関数 `DrawScreen` を宣言します。

```
// [6]関数を宣言する場所

// [6-2]基本情報を描画する関数を宣言する
void DrawScreen()
{
}
```

ゲームを初期化する関数の `Init` の最後で、画面を描画する関数 `DrawScreen` を呼び出します。

```
// [6]関数を宣言する場所
...

// [6-3]ゲームを初期化する関数を宣言する
void Init()
{
    year = START_YEAR;// [6-3-1]年をリセットする

    DrawScreen();// [6-3-6]基本情報を描画する画面を呼び出す
}
```

これで、ゲーム開始直後に画面が描画されるようになります。

次に、コンソールに文字列を表示できるように、標準入出力ヘッダー <stdio.h>をインクルードします。

```
// [1]ヘッダーをインクルードする場所

#include <stdio.h>  // [1-1]標準入出力ヘッダーをインクルードする
```

これから描画していく地図が正しく表示されているかを確認するために、完成サンプルを表示します。各城に表示されるデータは、左上から城の番号、城の名前の最初の2文字、城の兵士数、下の行は城主の姓の最初の2文字です。

```
// [6-2]基本情報を描画する関数を宣言する
void DrawScreen()
{
    // [6-2-1.5]地図のサンプルを描画する
    printf("%s",
        "1570ねん ～～～～～～～～～～～～～     ～～¥n"      // 01
        "        ～～～～～～～～～～～～～   0米沢5  ～¥n"      // 02
        "～～～～～～～～～～～～～～～1春日5  伊達  ～～¥n"      // 03
        "～～～～～～～～～～～～～   ～～上杉       ～～¥n"      // 04
        "～～～～～～～～～～～～～   ～           ～～¥n"      // 05
        "～～～～～～～～～～～～～       2躑躅5      ～～¥n"      // 06
        "～～～～～～～～～～～       武田        ～～¥n"      // 07
        "～～～～～～～～         5岐阜5       ～～¥n"      // 08
        "～～～～ 7吉田5  6二条5  織田 4岡崎5  3小田5 ～～¥n"      // 09
        "～～～   毛利   足利        徳川   北条～～～～¥n"      // 10
        "～～ ～～～～～                     ～～～～¥n"      // 11
        "～    ～ 8岡豊5～～ ～～～～～～～～～～～～¥n"      // 12
        "～     ～～長宗～～～～～～～～～～～～～～¥n"      // 13
        "～9内城5～～～～～～～～～～～～～～～～～～¥n"      // 14
        "～島津～～～～～～～～～～～～～～～～～～～¥n"      // 15
        "～～～～～～～～～～～～～～～～～～～～～～¥n"      // 16
```

265

```
    );
}
```

実行すると、完成サンプルの地図が描画されます。

■完成サンプルの地図が表示される

この表示は確認用なので、正しく描画できているかを確認したいときにのみ表示し、それ以外のときにはコメントアウトしておきます。

```
// [6-2]基本情報を描画する関数を宣言する
void DrawScreen()
{
/*
    // [6-2-1.5]地図のサンプルを描画する
    printf(...);
*/
}
```

地図を描画する

本物の地図を描画します。完成サンプルから1行ずつコピー・アンド・ペーストして書き換え、正しく描画されるか確認しながら進めます。

```
// [6-2]基本情報を描画する関数を宣言する
void DrawScreen()
{
    ...

    // [6-2-2]地図の1行目を描画する
    printf("%dねん  ～～～～～～～～～～～～～～         ～¥n",
        year);  // 年
```

```
    // [6-2-3]地図の2行目を描画する
    printf("          ～～～～～～～～～～～～～～  %d%.4s%d  ～¥n",

        // 米沢城の城番号
        CASTLE_YONEZAWA,
```

```
    // 米沢城の名前
    castles[CASTLE_YONEZAWA].name,

    // 米沢城の兵数
    castles[CASTLE_YONEZAWA].troopCount);
```

```
// [6-2-4]地図の3行目を描画する
printf("〜〜〜〜〜〜〜〜〜〜〜〜〜〜〜〜〜%d%.4s%d  %.4s  〜〜¥n",

    // 春日山城の城番号
    CASTLE_KASUGAYAMA,

    // 春日山城の名前
    castles[CASTLE_KASUGAYAMA].name,

    // 春日山城の兵数
    castles[CASTLE_KASUGAYAMA].troopCount,

    // 米沢城の名の姓
    lords[castles[CASTLE_YONEZAWA].owner].familyName);
```

```
// [6-2-5]地図の4行目を描画する
printf("〜〜〜〜〜〜〜〜〜〜〜〜〜〜  〜〜%.4s         〜〜¥n",

    // 春日山城の名の姓
    lords[castles[CASTLE_KASUGAYAMA].owner].familyName);
```

```
// [6-2-6]地図の5行目を描画する
printf("〜〜〜〜〜〜〜〜〜〜〜〜〜  〜           〜〜¥n");
```

```
// [6-2-7]地図の6行目を描画する
printf("〜〜〜〜〜〜〜〜〜〜〜〜〜       %d%.4s%d       〜〜¥n",

    // 躑躅ヶ崎館の城番号
    CASTLE_TSUTSUJIGASAKI,

    // 躑躅ヶ崎館の名前
    castles[CASTLE_TSUTSUJIGASAKI].name,

    // 躑躅ヶ崎館の兵数
    castles[CASTLE_TSUTSUJIGASAKI].troopCount);
```

```
// [6-2-8]地図の7行目を描画する
printf("〜〜〜〜〜〜〜〜〜〜〜〜         %.4s        〜〜〜¥n",

    // 躑躅ヶ崎館の城主の姓
    lords[castles[CASTLE_TSUTSUJIGASAKI].owner].familyName);
```

```
// [6-2-9]地図の8行目を描画する
printf("〜〜〜〜〜          %d%.4s%d             〜〜〜¥n",

    // 岐阜城の城番号
    CASTLE_GIFU,

    // 岐阜城の名前
    castles[CASTLE_GIFU].name,

    // 岐阜城の兵数
    castles[CASTLE_GIFU].troopCount);
```

```
// [6-2-10]地図の9行目を描画する
printf("〜〜〜〜  %d%.4s%d  %d%.4s%d  %.4s        %d%.4s%d  〜〜〜¥n",

    // 吉田郡山城の城番号
    CASTLE_YOSHIDAKORIYAMA,

    // 吉田郡山城の名前
    castles[CASTLE_YOSHIDAKORIYAMA].name,

    // 吉田郡山城の兵数
    castles[CASTLE_YOSHIDAKORIYAMA].troopCount,

    // 二条城の城番号
    CASTLE_NIJO,

    // 二条城の名前
    castles[CASTLE_NIJO].name,

    // 二条城の兵数
    castles[CASTLE_NIJO].troopCount,

    // 岐阜城の城主の姓
    lords[castles[CASTLE_GIFU].owner].familyName,

    // 小田原城の城番号
    CASTLE_ODAWARA,

    // 小田原城の名前
    castles[CASTLE_ODAWARA].name,

    // 小田原城の兵数
    castles[CASTLE_ODAWARA].troopCount);
```

```
// [6-2-11]地図の10行目を描画する
printf("〜〜〜    %.4s     %.4s  〜       %d%.4s%d  %.4s〜〜〜〜¥n",

    // 吉田郡山城の城主の姓
    lords[castles[CASTLE_YOSHIDAKORIYAMA].owner].familyName,
```

```
    // 二条城の城主の姓
    lords[castles[CASTLE_NIJO].owner].familyName,

    // 岡崎城の城番号
    CASTLE_OKAZAKI,

    // 岡崎城の名前
    castles[CASTLE_OKAZAKI].name,

    // 岡崎城の兵数
    castles[CASTLE_OKAZAKI].troopCount,

    // 小田原城の城主の姓
    lords[castles[CASTLE_ODAWARA].owner].familyName);
```

```
// [6-2-12]地図の11行目を描画する
printf("～～ ～～～～～～     ～～%.4s～ ～ ～～～～～¥n",

    // 岡崎城の城主の姓
    lords[castles[CASTLE_OKAZAKI].owner].familyName);
```

```
// [6-2-13]地図の12行目を描画する
printf("～   ～ %d%.4s%d ～      ～～～～～～～～～～～¥n",

    // 岡豊城の城番号
    CASTLE_OKO,

    // 岡豊城の名前
    castles[CASTLE_OKO].name,

    // 岡豊城の兵数
    castles[CASTLE_OKO].troopCount);
```

```
// [6-2-14]地図の13行目を描画する
printf("～   ～ %.4s ～～   ～～～～～～～～～～～～～¥n",

    // 岡豊城の城主の姓
    lords[castles[CASTLE_OKO].owner].familyName);
```

```
// [6-2-15]地図の14行目を描画する
printf("～%d%.4s%d～～～～～～～～～～～～～～～～～～～～～～～¥n",

    // 内城の城番号
    CASTLE_UCHI,

    // 内城の名前
    castles[CASTLE_UCHI].name,
```

```
        // 内城の兵数
        castles[CASTLE_UCHI].troopCount);
```

```
        // [6-2-16]地図の15行目を描画する
        printf("～%.4s～～～～～～～～～～～～～～～～～～～～～～～～～¥n",

            // 内城の城主の姓
            lords[castles[CASTLE_UCHI].owner].familyName);
```

```
        // [6-2-17]地図の16行目を描画する
        printf("～～～～～～～～～～～～～～～～～～～～～～～～～～¥n");
```

```
        // [6-2-18]1行空けておく
        printf("¥n");
}
```

■正式な地図が描画される

実行すると、サンプルと同じ地図が描画されます。

各城の行動ループを作成する

　基本的な描画ができたので、次はゲームの進行部分を作成します。このゲームは、城ごとのターン制で進行していきます。各城が順番に行動し、一巡したら次の年になる、という流れです。

行動順をランダムにする

　ターンの回ってくる順番によって、有利／不利があります。そこで、ターンの回ってくる順番をランダムにします。

　メインループの最初に、ターンの順番を保持するテーブル変数 `turnOrder` を宣言し、0から順番に仮の番号を設定します。

```
// [6-5-5]メインループ
while (1)
{
    int turnOrder[CASTLE_MAX];  // [6-5-6]ターンの順のテーブルを宣言する

    // [6-5-7]ターンの順を初期化する
    for (int i = 0; i < CASTLE_MAX; i++)
    {
        turnOrder[i] = i;// [6-5-8]ターンの順を初期化する
    }
}
```

　乱数をシャッフルするのに必要な標準ライブラリヘッダー<stdlib.h>と、乱数のシードに使用する現在の時刻を取得するために、時間管理ヘッダー<time.h>をインクルードします。

```
// [1]ヘッダーをインクルードする場所
#include <stdio.h>  // [1-1]標準入出力ヘッダーをインクルードする
#include <stdlib.h> // [1-2]標準ライブラリヘッダーをインクルードする
#include <time.h>   // [1-3]時間管理ヘッダーをインクルードする
```

　main()関数に入った直後に、現在の時刻をシードとして乱数をシャッフルします。

```
// [6-5]プログラムの実行開始点を宣言する
int main()
{
    srand((unsigned int)time(NULL));// [6-5-1]乱数をシャッフルする

    ...
}
```

　ターンの順番の入れ替えを行うために、アルゴリズムヘッダー<algorithm>をインクルードします。

```
// [1]ヘッダーをインクルードする場所
...
#include <algorithm>   // [1-6]アルゴリズムヘッダーをインクルードする
```

　すべての城を反復して、各城の順番をほかのランダムな城の順番と入れ替えます。

```
// [6-5-5]メインループ
while (1)
{
    ...
```

```
// [6-5-9]すべての城を反復する
for (int i = 0; i < CASTLE_MAX; i++)
{
    // [6-5-10]ターンをランダムに入れ替える
    std::swap(turnOrder[i], turnOrder[rand() % CASTLE_MAX]);
}
}
```

これでターンの順番がランダムになります。

各城にターンを回していく

すべての城をターンの順に反復します。まずは城の数だけ反復します。

```
// [6-5-5]メインループ
while (1)
{
    ...

    // [6-5-11]すべてのターンを反復する
    for (int i = 0; i < CASTLE_MAX; i++)
    {
    }
}
```

キーボード入力待ち状態にするために、コンソール入出力ヘッダー<conio.
h>をインクルードします。

```
// [1]ヘッダーをインクルードする場所
...
#include <conio.h>      // [1-4]コンソール入出力ヘッダーをインクルードする
#include <algorithm>    // [1-6]アルゴリズムヘッダーをインクルードする
```

画面を再描画してから、キーボード入力待ち状態にします。

```
// [6-5-11]すべてのターンを反復する
for (int i = 0; i < CASTLE_MAX; i++)
{
    DrawScreen();// [6-5-12]基本情報画面を再描画する

    _getch();// [6-5-89]キーボード入力を待つ
}
```

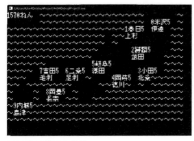

実行すると、前回の描画に続けて描画されてしまい、表示が乱れてしまいます。

■連続で描画されてしまう

そこで、画面を描画する前に、画面をクリアします。

```
// [6-2]基本情報を描画する関数を宣言する
void DrawScreen()
{
    system("cls");// [6-2-1]画面をクリアする

    ...
}
```

実行すると、今度は前回の描画がクリアされ、正常に描画されるようになります。

■正常に描画される

ターンの順を描画する

ターンの順番がランダムになっているか確認するために、ターンの順番を表示します。まずは、ターンの数だけ反復します。

```
// [6-5-11]すべてのターンを反復する
for (int i = 0; i < CASTLE_MAX; i++)
{
    DrawScreen();// [6-5-12]基本情報画面を再描画する

    // [6-5-13]すべてのターンを反復する
    for (int j = 0; j < CASTLE_MAX; j++)
    {
    }

    _getch();// [6-5-89]キーボード入力を待つ
}
```

各城の名前の先頭2文字を、ターンの順に表示します。

```
// [6-5-13]すべてのターンを反復する
for (int j = 0; j < CASTLE_MAX; j++)
{
    // [6-5-15]各ターンの城の名前を描画する
    printf("%.4s", castles[turnOrder[j]].name);
}
```

実行するとターンの順に城の名前が表示されるようになりますが、つながってしまいわかりづらいです。

■城の名前がターンの順に表示される

そこで、各城の名前の前に区切り文字を表示します。現在のターンの城はカーソル「 > 」で、それ以外の城は空白「　　」とします。

```
// [6-5-13]すべてのターンを反復する
for (int j = 0; j < CASTLE_MAX; j++)
{
    // [6-5-14]現在のターンの城にカーソルを描画する
    printf("%s", (j == i) ? ">" : "  ");

    ...
}
```

■城の名前の前にカーソルとスペースが表示される

実行すると、各城の名前の前に、現在のターンの城にはカーソルが、それ以外の城には空白が描画されます。

城の一覧の描画が終わったら、次の描画に備えて改行しておきます。

```
// [6-5-11]すべてのターンを反復する
for (int i = 0; i < CASTLE_MAX; i++)
{
    ...

    // [6-5-16]改行して1行空ける
    printf("¥n¥n");

    _getch();// [6-5-89]キーボード入力を待つ
}
```

実行すると、キーボードを押すごとにターンが進んでいき、一巡するとまたターンがシャッフルされますが、ターンが一巡しても年が進みません。そこで、ターンが一巡したあとで、年を進めます。

```
// [6-5-5]メインループ
while (1)
{
    ...

    year++;// [6-5-103]年を進める
}
```

実行してターンを一巡させると、年が進みます。これでターンの制御ができました。

各ターンの共通メッセージを表示する

現在どの城のターンかを表示するメッセージを表示します。現在ターンが回ってきている城の番号を変数 currentCastle に設定します。

```
// [6-5-11]すべてのターンを反復する
for (int i = 0; i < CASTLE_MAX; i++)
{
    ...

    // [6-5-17]現在のターンの城の番号を宣言する
    int currentCastle = turnOrder[i];

    _getch();// [6-5-89]キーボード入力を待つ
}
```

　現在どの城のターン中で、その城を所有する大名もわかるメッセージを
表示します。ここでは、各城で順番に評定(戦略会議)が行われている、と
いうメッセージにします。

```
// [6-5-11]すべてのターンを反復する
for (int i = 0; i < CASTLE_MAX; i++)
{
    ...

    // [6-5-18]メッセージを表示する
    printf("%sけの　%sの　ひょうじょうちゅう…¥n",
        lords[castles[currentCastle].owner].familyName, // 城主の姓
        castles[currentCastle].name);                   // 城の名前

    printf("¥n");// [6-5-19]1行空ける

    _getch();// [6-5-89]キーボード入力を待つ
}
```

　実行すると、ターンのメッセージ
が表示されます。

■ターンのメッセージが表示される

プレイヤーの大名を選択できるようにする

　ゲームを開始するときに、プレイヤーが担当する大名を選択できるよう
にします。

プレイヤーの大名の選択フェイズに移行する

　まず、最初の画面の描画が終わったら、キーボード入力待ち状態にします。

```
// [6-3]ゲームを初期化する関数を宣言する
void Init()
{
    ...

    _getch();// [6-3-14]キーボード入力を待つ
}
```

　キーボード待ち状態に入る前に、選択する大名の番号の入力を促すメッ
セージを表示します。

```
// [6-3]ゲームを初期化する関数を宣言する
void Init()
{
    ...

    // [6-3-7]大名の選択を促すメッセージを表示する
    printf("おやかたさま、われらがしろは　このちずの¥n"
        "どこに　ありまするか？！（0〜%d）¥n",
        CASTLE_MAX - 1);     // 城番号の最大値

    printf("¥n");// [6-3-8]1行空ける

    _getch();// [6-3-14]キーボード入力を待つ
}
```

■城の選択を促すメッセージが表示される

　実行すると、大名の選択を促すメッセージが表示されます。

プレイヤーが担当する大名を選択する

次に、キーボード入力で城を選択します。城の番号は、城主の大名の番号と紐付いた設定にするので、城を選べばその城主の大名を選んだ、ということになります。

まず、選択された城を保持する変数 selectedCastle を宣言し、城の番号を入力します。範囲内の城番号が入力されるまでループします。

```
// [6-3]ゲームを初期化する関数を宣言する
void Init()
{
    ...

    // [6-3-9]選択された城を保持する変数を宣言する
    int selectedCastle;

    // [6-3-10]範囲内の城番号が入力されるまで反復する
    do {
        selectedCastle = _getch() - '0';// [6-3-11]城番号を入力する
    } while ((selectedCastle < 0) || (selectedCastle >= CASTLE_MAX));

    _getch();// [6-3-14]キーボード入力を待つ
}
```

実行すると、⓪～⑨のキーが入力されたら次へ進みますが、それ以外のキーが押されても反応しなくなります。

次に、プレイヤーがどの大名を選択したかを保持する変数 playerLord を宣言します。

```
// [5]変数を宣言する場所
...

int playerLord;// [5-4]プレイヤーの大名を宣言する
```

選択された城の城主をプレイヤーの大名として、変数 playerLord に設定します。

```
// [6-3]ゲームを初期化する関数を宣言する
void Init()
{
    ...

    // [6-3-12]選択した城の城主をプレイヤーの大名とする
    playerLord = castles[selectedCastle].owner;

    _getch();// [6-3-14]キーボード入力を待つ
```

```
    }
```

　入力が完了したので、選択された城と、担当する大名と、ゲームの目的を伝えるメッセージを表示します。

```
// [6-3]ゲームを初期化する関数を宣言する
void Init()
{
    ...

    // [6-3-13]決定した大名を通知するメッセージを表示する
    printf("%sさま、%sから　てんかとういつを¥nめざしましょうぞ！¥n",
        lords[playerLord].firstName,    // 選択された大名の名
        castles[playerLord].name);      // 選択された城の名前

    _getch();// [6-3-14]キーボード入力を待つ
}
```

■選択内容の確認メッセージが表示される

　実行して城の番号を入力すると、決定内容を伝えるメッセージが表示されます。キーボード入力で進めると、ゲームのメインループに入ります。

進軍コマンドを作成する

　このゲーム唯一のコマンドである「進軍」コマンドを作成します。進軍は隣接する城へのみ可能で、進軍先が敵の城であれば攻城戦が発生し、味方の城であれば兵を移動させます。

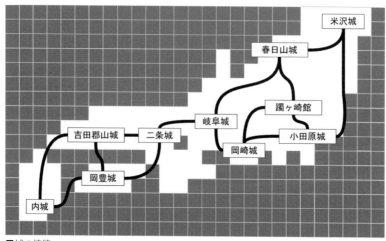

■ 城の接続

城どうしの接続データを作成する

　入力された進軍作の城へ移動可能かどうかを判定するために、各城がどの城と接続しているかを保持するデータを作成します。まずは動的配列を使用するために、ベクターヘッダー<vector>をインクルードします。

```
// [1] ヘッダーをインクルードする場所
...
#include <vector>        // [1-5]ベクターヘッダーをインクルードする
#include <algorithm>     // [1-6]アルゴリズムヘッダーをインクルードする
```

　城の構造体 CASTLE に、接続された城の動的配列のメンバー変数 connectedCastles を追加します。

```
// [4-2]城の構造体を宣言する
typedef struct {
    ...
    std::vector<int>    connectedCastles;   // [4-2-4]接続された城のリスト
} CASTLE;
```

　城の配列 castles の宣言で、城の接続情報を追加します。

```
// [5-2]城の配列を宣言する
CASTLE castles[CASTLE_MAX] =
{
    // [5-2-1]CASTLE_YONEZAWA          米沢城
    {
```

```
        ...

        // std::vector<int> connectedCastles    接続された城のリスト
        {
                CASTLE_KASUGAYAMA,  // 春日山城
                CASTLE_ODAWARA      // 小田原城
        }
    },
```

```
    // [5-2-2]CASTLE_KASUGAYAMA    春日山城
    {
        ...

        // std::vector<int> connectedCastles    接続された城のリスト
        {
                CASTLE_YONEZAWA,        // 米沢城
                CASTLE_TSUTSUJIGASAKI,  // 躑躅ヶ崎館
                CASTLE_GIFU             // 岐阜城
        }
    },
```

```
    // [5-2-3]CASTLE_TSUTSUJIGASAKI 躑躅ヶ崎館
    {
        ...

        // std::vector<int> connectedCastles    接続された城のリスト
        {
                CASTLE_KASUGAYAMA,  // 春日山城
                CASTLE_ODAWARA,     // 小田原城
                CASTLE_OKAZAKI      // 岡崎城
        }
    },
```

```
    // [5-2-4]CASTLE_ODAWARA    小田原城
    {
        ...

        // std::vector<int> connectedCastles    接続された城のリスト
        {
                CASTLE_YONEZAWA,        // 米沢城
                CASTLE_TSUTSUJIGASAKI,  // 躑躅ヶ崎館
                CASTLE_OKAZAKI          // 岡崎城
        }
    },
```

```
    // [5-2-5]CASTLE_OKAZAKI    岡崎城
    {
        ...
```

```
        // std::vector<int> connectedCastles    接続された城のリスト
        {
            CASTLE_TSUTSUJIGASAKI,    // 躑躅ヶ崎館
            CASTLE_ODAWARA,          // 小田原城
            CASTLE_GIFU              // 岐阜城
        }
    },


    // [5-2-6]CASTLE_GIFU    岐阜城
    {
        ...

        // std::vector<int> connectedCastles    接続された城のリスト
        {
            CASTLE_KASUGAYAMA,       // 春日山城
            CASTLE_OKAZAKI,          // 岡崎城
            CASTLE_NIJO              // 二条城
        }
    },


    // [5-2-7]CASTLE_NIJO    二条城
    {
        ...

        // std::vector<int> connectedCastles    接続された城のリスト
        {
            CASTLE_GIFU,             // 岐阜城
            CASTLE_YOSHIDAKORIYAMA,  // 吉田郡山城
            CASTLE_OKO               // 岡豊城
        }
    },


    // [5-2-8]CASTLE_YOSHIDAKORIYAMA    吉田郡山城
    {
        ...

        // std::vector<int> connectedCastles    接続された城のリスト
        {
            CASTLE_NIJO,             // 二条城
            CASTLE_OKO,              // 岡豊城
            CASTLE_UCHI              // 内城
        }
    },


    // [5-2-9]CASTLE_OKO    岡豊城
    {
        ...

        // std::vector<int> connectedCastles    接続された城のリスト
```

```
    {
        CASTLE_NIJO,              // 二条城
        CASTLE_YOSHIDAKORIYAMA,   // 吉田郡山城
        CASTLE_UCHI               // 内城
    }
},
```

```
    // [5-2-10]CASTLE_UCHI  内城
    {
        ...

        // std::vector<int> connectedCastles    接続された城のリスト
        {
            CASTLE_YOSHIDAKORIYAMA,  // 吉田郡山城
            CASTLE_OKO               // 岡豊城
        }
    }
};
...
```

これで城どうしの接続情報が設定できました。

進軍先の城をキーボード入力する

　進軍コマンドの入力は、プレイヤーのみが行います。そこで、ターン中の大名がプレイヤーの大名かどうかの分岐を追加します。

```
// [6-5-11]すべてのターンを反復する
for (int i = 0; i < CASTLE_MAX; i++)
{
    ...

    // [6-5-20]現在の城の城主がプレイヤーかどうかを判定する
    if (castles[currentCastle].owner == playerLord)
    {
    }

    // [6-5-52]現在の城の城主がプレイヤーでなければ
    else
    {
    }

    _getch();// [6-5-89]キーボード入力を待つ
}
```

　プレイヤーのターンで、進軍先の城の番号を入力するように促すメッセージを表示します。

```
// [6-5-20]現在の城の城主がプレイヤーかどうかを判定する
if (castles[currentCastle].owner == playerLord)
{
    // [6-5-21]進軍先の城の指定を促すメッセージを表示する
    printf("%sさま、どこに　しんぐん　しますか？¥n",
        lords[castles[currentCastle].owner].firstName);

    printf("¥n");// [6-5-22]1行空ける
}
```

■進軍先の入力を促すメッセージが表示される

実行してプレイヤーのターンが回ってくると、進軍先の城の番号を入力するように促すメッセージが表示されます。

　ここで、プレイヤーがどの城に移動可能なのかがわかるように、移動可能な城の番号と名前を一覧表示します。

```
// [6-5-20]現在の城の城主がプレイヤーかどうかを判定する
if (castles[currentCastle].owner == playerLord)
{
    ...

    // [6-5-23]すべての接続された城を反復する
    for (int j = 0; j < (int)castles[currentCastle].connectedCastles.size(); j++)
    {
        // [6-5-24]接続された城の番号と名前を表示する
        printf("%d %s¥n",
            castles[currentCastle].connectedCastles[j],
            castles[castles[currentCastle].connectedCastles[j]].name);
    }

    printf("¥n");// [6-5-25]1行空ける
}
```

■進軍先の一覧が表示される

実行してプレイヤーのターンが回ってくると、接続された城の一覧が表示されます。

進軍先の城の番号を入力し、変数 `targetCastle` に設定します。もしも接続された城の番号以外が入力されたら、移動をキャンセルするとみなすので、接続された城の番号が入力されなくても処理を進めます。

```
// [6-5-20]現在の城の城主がプレイヤーかどうかを判定する
if (castles[currentCastle].owner == playerLord)
{
    ...

    // [6-5-26]進軍先の城を入力して宣言する
    int targetCastle = _getch() - '0';
}
```

次に、入力された城番号 `targetCastle` が、接続された城の番号かどうかを判定します。

接続されているかどうかを保持するフラグ変数 `isConnected` を宣言し、「接続されていない」という値 `false` で初期化します。すべての接続された城をチェックし、入力された城番号と一致するものが見つかったら、「接続された城の番号が入力された」と判定し、`true` を設定します。

```
// [6-5-20]現在の城の城主がプレイヤーかどうかを判定する
if (castles[currentCastle].owner == playerLord)
{
    ...

    // [6-5-27]現在の城と対象の城が接続しているかどうかを保持するフラグを宣言する
    bool isConnected = false;

    // [6-5-28]現在の城と接続しているすべての城を反復する
    for (int castle : castles[currentCastle].connectedCastles)
    {
        // [6-5-29]対象の城との接続が確認できたら
        if (castle == targetCastle)
```

```
        {
            isConnected = true;// [6-5-30]接続の有無のフラグを立てる

            break;// [6-5-31]反復を抜ける
        }
    }
}
```

入力された番号 targetCastle が接続された城の番号でなければ、進軍
コマンドをキャンセルしたことを知らせるメッセージを表示して、そのあ
との処理をスキップします。

```
// [6-5-20]現在の城の城主がプレイヤーかどうかを判定する
if (castles[currentCastle].owner == playerLord)
{
    ...

    // [6-5-32]接続している城が選ばれなかったら
    if (!isConnected)
    {
        // [6-5-33]進軍を取りやめるメッセージを表示する
        printf("しんぐんを　とりやめました¥n");

        _getch();// [6-5-34]キーボード入力を待つ

        continue;// [6-5-35]次の国の評定にスキップする
    }
}
```

実行して進軍先の入力に接続され
た城の番号以外の番号を入力すると、
進軍がキャンセルされたメッセージ
が表示されて、次の城にターンが回
ります。接続された城の番号が入力
された場合は、まだ処理が実装され
ていないので何も起こらず、次の城
にターンが回るだけです。

■進軍キャンセルのメッセージが表示される

進軍兵数をキーボード入力する

接続された城が指定されたら、進軍する兵数を入力します。本章のゲー
ムは0～9までの1桁の数値しか表示・入力ができない仕様なので、各城の
最大兵数を9単位（9,000人）までとします。そこで、最大兵数のマクロ TROOP_

`MAX` を定義します。

```
// [2]定数を定義する場所

#define TROOP_BASE   (5)      // [2-1]基本兵数を定義する
#define TROOP_MAX    (9)      // [2-2]最大兵数を定義する
#define START_YEAR   (1570)   // [2-4]開始年を定義する
```

　移動可能な最大兵数を保持する変数 `troopMax` を宣言し、現在の城の兵数で初期化します。

```
// [6-5-20]現在の城の城主がプレイヤーかどうかを判定する
if (castles[currentCastle].owner == playerLord)
{
    ...

    // [6-5-36]現在の城の兵数を最大進軍数として宣言する
    int troopMax = castles[currentCastle].troopCount;
}
```

　移動先が敵の城であれば全兵数を進軍できますが、味方の城であれば、移動先の城の空き兵数以上は移動できません。そこでまず、移動先が味方の城かどうかを判定します。

```
// [6-5-20]現在の城の城主がプレイヤーかどうかを判定する
if (castles[currentCastle].owner == playerLord)
{
    ...

    // [6-5-37]進軍先がプレイヤーの城かどうかを判定する
    if (castles[targetCastle].owner == playerLord)
    {
    }
}
```

　移動先が味方の城であれば、移動先の城の空き兵数を変数 `targetCapacity` に設定します。

```
// [6-5-37]進軍先がプレイヤーの城かどうかを判定する
if (castles[targetCastle].owner == playerLord)
{
    // [6-5-38]進軍先の城の空き兵数を宣言する
    int targetCapacity = TROOP_MAX - castles[targetCastle].troopCount;
}
```

　移動可能な最大兵数を、移動もとの城から出兵可能な最大兵数 `troopMax` と、移動先の城の空き兵数 `targetCapacity` のうち、少ないほうに設定し

ます。

```cpp
// [6-5-37]進軍先がプレイヤーの城かどうかを判定する
if (castles[targetCastle].owner == playerLord)
{
    ...

    // [6-5-39]現在の城の兵数か、進軍先の空き兵数の少ないほうを最大進軍兵数とする
    troopMax = std::min(troopMax, targetCapacity);
}
```

選択された進軍先の城の名前と、進軍可能な兵数 `troopMax` と、進軍する
兵数の入力を促すメッセージを表示します。

```cpp
// [6-5-20]現在の城の城主がプレイヤーかどうかを判定する
if (castles[currentCastle].owner == playerLord)
{
    ...

    // [6-5-40]入力された城を通知して、移動する兵数の入力を促すメッセージを表示する
    printf("%sに　なんぜんにん　しんぐん　しますか？（0〜%d）¥n",
        castles[targetCastle].name, // 進軍先の城の名前
        troopMax);                  // 進軍兵数
}
```

実行して移動先の城を選択すると、
選択された城の名前と、進軍する兵
数の入力を促すメッセージが表示さ
れます。

■兵数の入力を促すメッセージが表示される

次に、入力された兵数を保持する変数 `troopCount` を宣言し、兵数を入
力します。範囲内の値が入力されるまでループします。

```cpp
// [6-5-20]現在の城の城主がプレイヤーかどうかを判定する
if (castles[currentCastle].owner == playerLord)
{
    ...

    // [6-5-41]進軍兵数を宣言する
    int troopCount;

    // [6-5-42]範囲内の兵数が入力されるまで反復する
    do {
```

```
        troopCount = _getch() - '0';// [6-5-43]進軍兵数を入力する
    } while ((troopCount < 0) || (troopCount > troopMax));
}
```

　移動する兵数 `troopCount` が決定したら、進軍もとの城から移動する兵数 `troopCount` 分だけ減らします。

```
// [6-5-20]現在の城の城主がプレイヤーかどうかを判定する
if (castles[currentCastle].owner == playerLord)
{
    ...

    // [6-5-44]現在の城の兵数を、移動する分だけ減らす
    castles[currentCastle].troopCount -= troopCount;
}
```

　移動先が味方の城なら、移動先の城の兵数に移動する兵数 `troopCount` を加算します。

```
// [6-5-20]現在の城の城主がプレイヤーかどうかを判定する
if (castles[currentCastle].owner == playerLord)
{
    ...

    // [6-5-45]移動先がプレイヤーの城なら
    if (castles[targetCastle].owner == playerLord)
    {
        // [6-5-46]進軍先の城の兵数に、移動兵数を加算する
        castles[targetCastle].troopCount += troopCount;
    }
}
```

　次に、移動した結果を表示するメッセージを表示します。本章のゲームでは兵数「1」を1,000人とみなします。そこで、兵数の単位のマクロ `TROOP_UNIT` を定義します。

```
// [2]定数を定義する場所
...
#define TROOP_UNIT  (1000)  // [2-3]兵数の単位を定義する
#define START_YEAR  (1570)  // [2-4]開始年を定義する
```

　1行改行してから、決定した進軍先と進軍する兵数を知らせるメッセージを表示します。味方の城へ移動する場合と、敵の城へ攻め込む場合とで、メッセージを変えます。

```
// [6-5-20]現在の城の城主がプレイヤーかどうかを判定する
if (castles[currentCastle].owner == playerLord)
```

```
{
    ...
    // [6-5-47]改行する
    printf("¥n");

    // [6-5-48]入力された進軍兵数を通知する
    printf("%sに　%dにん%s",
        castles[targetCastle].name, // 進軍先の城の名前
        troopCount * TROOP_UNIT,    // 進軍兵数

        // 進軍先の城の城主がプレイヤーかどうかを判定する
        (castles[targetCastle].owner == playerLord)
            ? "　いどう　しました"      // プレイヤーの城なら
            : "で　しゅつじんじゃ～！！"); // 敵の城なら
}
```

■兵を移動するメッセージが表示される

実行して敵の城に進軍すると、進軍の内容を知らせるメッセージが表示されます。しかし敵の城に攻め込んでも、出陣元の城の兵数が減るだけで、合戦が起こりません。

攻城戦を作成する

　敵の城に進軍した場合の、攻城戦の処理を作成します。攻め込んだ攻撃側と、攻め込まれた守備側の兵が攻撃し合い、どちらかが全滅すれば決着です。攻撃側が勝てば、その城は攻撃側のものになります。

攻城戦を発生させる

　まず、攻城戦の処理を記述する関数 Siege を宣言します。引数の _offensiveLord は攻め込んだ大名の番号、_offensiveTroopCount は攻め込んだ兵数、_castle は攻め込まれた城の番号です。

```
// [6]関数を宣言する場所
...

// [6-4]攻城戦の関数を宣言する
```

```
void Siege(
    int _offensiveLord,        // 攻め込んだ大名
    int _offensiveTroopCount,  // 攻め込んだ兵数
    int _castle)               // 攻め込まれた城
{
}
```

　進軍先がプレイヤーの城でなかった場合、キーボード入力を待ったあと
で攻城戦の関数 Siege を呼び出し、攻城戦を発生させます。

```
// [6-5-20]現在の城の城主がプレイヤーかどうかを判定する
if (castles[currentCastle].owner == playerLord)
{
    ...

    // [6-5-49]進軍先が敵の城かどうかを判定する
    if (castles[targetCastle].owner != playerLord)
    {
        _getch();// [6-5-50]キーボード入力を待つ

        // [6-5-51]攻城戦の関数を呼び出す
        Siege(
            playerLord,    // int _offensiveLord        攻め込んだ大名
            troopCount,    // int _offensiveTroopCount 攻め込んだ兵数
            targetCastle); // int _castle               攻め込まれた城
    }
}
```

　これで、プレイヤーが敵の城に攻め込んだら、攻城戦の処理が行われる
ようになります。

最初のメッセージを表示する

　攻城戦が始まったら、画面をクリアして戦の名前を表示し、キーボード
入力待ち状態にします。

```
// [6-4]攻城戦の関数を宣言する
void Siege(...)
{
    system("cls");// [6-4-1]画面をクリアする

    // [6-4-2]攻城戦の名前を表示する
    printf("〜%sの　たたかい〜¥n", castles[_castle].name);

    printf("¥n");// [6-4-3]1行空ける

    _getch();// [6-4-7]キーボード入力を待つ
}
```

■攻城戦の開始メッセージが表示される

実行してほかの大名の城に進軍すると攻城戦が発生し、戦の名前が表示されます。

攻城戦の戦闘を実装する

攻城戦の戦闘はターン制で行い、ランダムでどちらかの兵を1単位(1000人)ずつ減らします。戦闘はどちらかの兵が全滅するまでループするので、まずは無限ループに入ります。

```
// [6-4-5]無限ループする
while (1)
{
    _getch();// [6-4-7]キーボード入力を待つ
}
```

守備側の大名の番号を、変数 defensiveLord に設定します。

```
// [6-4]攻城戦の関数を宣言する
void Siege(...)
{
    ...

    // [6-4-4]攻め込まれた大名を宣言する
    int defensiveLord = castles[_castle].owner;

    ...
}
```

無限ループに入ったら、双方の兵数を表示します。

```
// [6-4-5]無限ループする
while (1)
{
    // [6-4-6]合戦の経過を表示する
    printf("%sぐん（%4dにん）　X　%sぐん（%4dにん）¥n",

        // 攻め込んだ大名の姓
        lords[_offensiveLord].familyName,

        // 攻め込んだ兵数
        _offensiveTroopCount * TROOP_UNIT,

        // 攻め込まれた大名の姓
        lords[defensiveLord].familyName,

        // 攻め込まれた城の兵数
```

```
        castles[_castle].troopCount * TROOP_UNIT);

    _getch();// [6-4-7]キーボード入力を待つ
}
```

実行して攻城戦が始まると、戦況が表示されるようになります。

■戦況が表示される

次に、攻撃側と守備側が互いに兵を減らし合う、戦闘の処理を行います。このゲームでは、守備側は攻撃側よりも2倍有利とします。そこで、0〜2の乱数を求めて、0なら守備側の兵数を減らし、1か2なら攻撃側の兵数を減らします。

```
// [6-4-5]無限ループする
while (1)
{
    ...

    // [6-4-10]0〜2の乱数が、0かどうかを判定する
    if (rand() % 3 == 0)
    {
        castles[_castle].troopCount--;// [6-4-11]守備側の兵を減らす
    }

    // [6-4-12]0〜2の乱数が、1か2なら
    else
    {
        _offensiveTroopCount--;// [6-4-13]攻撃側の兵を減らす
    }
}
```

実行すると両者の兵数が減っていくようになりますが、マイナスになっても戦い続けてしまいます。

■攻城戦が進行する

攻城戦の戦闘を終了する

どちらかの兵数が **0** 以下になったら、戦闘のループを抜けます。

```
// [6-4-5]無限ループする
while (1)
{
    ...

    // [6-4-8]攻守いずれかの兵数が0以下かどうか判定する
    if ((_offensiveTroopCount <= 0) || (castles[_castle].troopCount <= 0))
    {
        break;// [6-4-9]ループを抜ける
    }

    ...
}
```

■攻城戦が終了する

実行すると、今度はどちらかの兵数が0になったら戦闘が終了するようになります。戦の結果はまだ表示されませんが、攻城戦の戦闘部分ができました。

攻城戦の結果を表示し、戦後処理をする

攻城戦の戦闘が終わったら、結果を表示します。まずは、戦闘のメッセージの表示から1行空けます。

```
// [6-4]攻城戦の関数を宣言する
void Siege(...)
{
    ...

    printf("\n");// [6-4-14]1行空ける
}
```

表示するメッセージの内容は、攻撃側／守備側のどちらが勝ったかで分岐させます。城の兵士が **0** 以下であれば攻撃側の勝ち、そうでなければ守備側の勝ち、と判定します。

```
// [6-4]攻城戦の関数を宣言する
void Siege(...)
{
```

```
    ...

    // [6-4-15]守備側の兵が全滅したかどうかを判定する
    if (castles[_castle].troopCount <= 0)
    {
    }

    // [6-4-26]守備側の兵が全滅していなければ
    else
    {
    }
}
```

攻撃側が勝ったときの処理を実装する

攻撃側が勝った場合のメッセージを表示します。

```
// [6-4-15]守備側の兵が全滅したかどうかを判定する
if (castles[_castle].troopCount <= 0)
{
    // [6-4-16]落城したメッセージを表示する
    printf("%s　らくじょう！！¥n", castles[_castle].name);

    printf("¥n");// [6-4-17]1行空ける
}
```

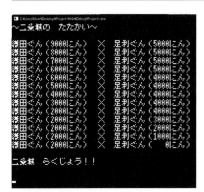

実行して攻め込んだ側が勝つと、攻撃側が勝ったメッセージが表示されます。これを確認するために、攻撃側が勝てるように兵数を書き換えておくとよいでしょう。

■攻撃側の勝利メッセージが表示される

攻撃側が勝った場合は、城は攻撃側の大名の所有となり、残った攻撃側の兵はその城に入城させます。

```
// [6-4-15]守備側の兵が全滅したかどうかを判定する
if (castles[_castle].troopCount <= 0)
{
    ...
```

```
// [6-4-18]攻撃側の大名の城にする
castles[_castle].owner = _offensiveLord;

// [6-4-19]攻撃側の兵を入城させる
castles[_castle].troopCount = _offensiveTroopCount;
}
```

城が攻撃側の大名の所有に変わったメッセージを表示します。

```
// [6-4-15]守備側の兵が全滅したかどうかを判定する
if (castles[_castle].troopCount <= 0)
{
    ...

    // [6-4-20]城主が攻め込んだ大名に変わったメッセージを表示する
    printf("%sは　%sけの　ものとなります¥n",
        castles[_castle].name,
        lords[_offensiveLord].familyName);

    printf("¥n");// [6-4-21]1行空ける
}
```

実行して攻撃側が勝てば、城が攻撃側のものになったというメッセージが表示されます。戦略画面に戻ると、城主と兵数が、攻城戦の結果どおりになります。

■城主が変わったメッセージが表示される

守備側が勝ったときの処理を実装する

守備側が勝ったときのメッセージを表示します。

```
// [6-4-26]守備側の兵が全滅していなければ
else
{
    // [6-4-27]攻撃側が全滅したメッセージを表示する
    printf("%sぐん　かいめつ！！¥n"
```

```
        "¥n"
        "%sぐんが　%sを　まもりきりました！¥n",
        lords[_offensiveLord].familyName,
        lords[defensiveLord].familyName,
        castles[_castle].name);
}
```

守備側が勝てば、守備側が勝った
メッセージが表示されます。これで
攻城戦の処理ができました。

■守備側の勝利メッセージが表示される

敵の大名のAIを実装する

　プレイヤー以外の大名はコンピュータが担当するので、そのAIを実装します。

隣接した敵の城のリストを作成する

　敵の大名のAIは、どの城にどれだけの兵を進軍させるかという処理になりますが、まずは敵の城に攻め込むのか、それとも味方の城に兵を送るのかを判定する必要があります。そこで、まずは攻め込める城のリストを作成します。隣接した敵の城のリストを保持する変数 connectedEnemyCastles を宣言し、隣接した城の中から敵の城のみを追加します。

```
// [6-5-52]現在の城の城主がプレイヤーでなければ
else
{
    // [6-5-53]接続された敵の城のリストを宣言する
    std::vector<int> connectedEnemyCastles;

    // [6-5-54]すべての接続された城を反復する
    for (int j = 0;
        j < (int)castles[currentCastle].connectedCastles.size();
        j++)
    {
```

```
// [6-5-55]敵の城かどうかを判定する
if (castles[castles[currentCastle].connectedCastles[j]].owner
    != castles[currentCastle].owner)
{
    // [6-5-56]接続された敵の城のリストに加える
    connectedEnemyCastles.push_back(
        castles[currentCastle].connectedCastles[j]);
    }
  }
}
```

一番弱い敵の城に攻め込む処理を作成する

　隣接した敵の城のリスト connectedEnemyCastles を作成したら、候補の城が1つ以上あるかどうかを判定します。

```
// [6-5-52]現在の城の城主がプレイヤーでなければ
else
{
    ...

    // [6-5-57]接続された敵の城があるかどうかを判定する
    if (connectedEnemyCastles.size() > 0)
    {
    }
}
```

　攻め込める城が1つ以上あれば、リスト connectedEnemyCastles を兵の少ない順に並び替えます。

```
// [6-5-57]接続された敵の城があるかどうかを判定する
if (connectedEnemyCastles.size() > 0)
{
    // [6-5-58]兵の少ない順に並び替える
    sort(connectedEnemyCastles.begin(), connectedEnemyCastles.end(),
        // 2つの城を比較するラムダ
        [](int _castle0, int _castle1)
        {
            // リストの後ろの城のほうが、兵が多いかどうかを判定して返す
            return castles[_castle0].troopCount < castles[_castle1].troopCount;
        }
    );
}
```

　一番兵の少ない城以外を選ぶことはないので、兵の少なさで同率1位以外の城をリスト connectedEnemyCastles から削除します。

```
// [6-5-57]接続された敵の城があるかどうかを判定する
if (connectedEnemyCastles.size() > 0)
{
    ...

    // [6-5-59]最も兵の少ない城のみになるまで反復する
    while (
        // 隣接する敵の城が2城以上である
        (connectedEnemyCastles.size() > 1)

        // かつその中で最も兵数の少ない城よりも兵数の多い城があれば
        && (castles[connectedEnemyCastles.front()].troopCount
            < castles[connectedEnemyCastles.back()].troopCount))
    {
        // [6-5-60]リストから最後尾を削除する
        connectedEnemyCastles.pop_back();
    }
}
```

　攻め込む城を最も兵数の少ない城の中からランダムで決定し、変数 `targetCastle` に設定します。

```
// [6-5-57]接続された敵の城があるかどうかを判定する
if (connectedEnemyCastles.size() > 0)
{
    ...

    // [6-5-61]攻め込む城を宣言する
    int targetCastle =
        connectedEnemyCastles[rand() % connectedEnemyCastles.size()];
}
```

　攻め込む城は決定しましたが、攻め込むかどうかは、こちらの城と攻め込む城の兵力差で判定します。

　守備兵を「 1 」残し、残りの攻め込む兵力が敵の守備兵の2倍以上であれば、攻め込むようにします。しかし、初期状態では兵力差がなく、このままでは合戦が起きなくなってしまいます。そこで、兵力が基準値 TROOP_BASE 以上である場合も、攻め込むようにします。

```
// [6-5-57]接続された敵の城があるかどうかを判定する
if (connectedEnemyCastles.size() > 0)
{
    ...

    // [6-5-62]攻め込むかどうかを判定する
    if (
        // 兵数が基準値以上であるか
        (castles[currentCastle].troopCount >= TROOP_BASE)
```

```
    // こちらの兵数が守備兵を差し引いて相手の2倍以上であれば
    || (castles[currentCastle].troopCount - 1
        >= castles[targetCastle].troopCount * 2))
  {
  }
}
```

次に、攻め込む兵数を決定します。守備兵として「1」残し、残りの兵数を変数 `troopCount` に設定します。

```
// [6-5-62]攻め込むかどうかを判定する
if (...)
{
    ...

    // [6-5-63]攻め込む兵数を宣言する
    int troopCount = std::max(castles[currentCastle].troopCount - 1, 0);
}
```

攻め込む城の兵数から、攻め込む兵数 `troopCount` を減らします。

```
// [6-5-62]攻め込むかどうかを判定する
if (...)
{
    ...

    // [6-5-64]現在の城の兵数から攻め込む兵数を減算する
    castles[currentCastle].troopCount -= troopCount;
}
```

攻め込んだメッセージを表示します。

```
// [6-5-63]攻め込むかどうかを判定する
if (...)
{
    ...

    // [6-5-65]攻め込むメッセージを表示する
    printf("%sの %s%sが %sに せめこみました！\n",
        castles[currentCastle].name,
        lords[castles[currentCastle].owner].familyName,
        lords[castles[currentCastle].owner].firstName,
        castles[targetCastle].name);

    _getch();// [6-5-66]キーボード入力を待つ
}
```

■AIが攻め込んだメッセージが表示される

実行すると、攻め込んだメッセージが表示されます。AIが一番兵数の少ない城を選んでいるかどうかを確認するために、各城の兵数に差が付くようにデータを書き換えておくとよいでしょう。

次に、攻城戦の関数 Siege を呼び出します。

```
// [6-5-62]攻め込むかどうかを判定する
if (...)
{
    ...

    // [6-5-67]攻城戦の関数を呼び出す
    Siege(

        // int _offensiveLord        攻め込んだ大名
        castles[currentCastle].owner,

        // int _offensiveTroopCount 攻め込んだ兵数
        troopCount,

        // int _castle                攻め込まれた城
        targetCastle);
}
```

実行すると、AIのターンでも攻城戦が発生するようになります。これで、AIによる攻城戦の処理ができました。

味方の前線の城に兵を送るAIを実装する

敵が大勢力になった場合、敵の城と隣接しない城が出てきます。その場合は、敵と隣接する味方の城に兵を送るようにします。まずは、攻め込む城がなかった場合の分岐を追加します。

```
// [6-5-57]接続された敵の城があるかどうかを判定する
if (connectedEnemyCastles.size() > 0)
{
    ...
}

// [6-5-68]接続された敵の城がなければ
else
{
```

```
}
```

敵と隣接する味方の城のリストを作成する

敵と隣接する味方の城のリストを保持する変数 `frontCastles` を宣言します。

```
// [6-5-68]接続された敵の城がなければ
else
{
    // [6-5-69]敵と隣接する味方の城のリストを宣言する
    std::vector<int> frontCastles;
}
```

対象の城に接続されたすべての城を反復します。

```
// [6-5-68]接続された敵の城がなければ
else
{
    ...

    // [6-5-70]すべての接続された城を反復する
    for (int neighbor : castles[currentCastle].connectedCastles)
    {
    }
}
```

対象の城が敵と隣接しているかどうかを判定するために、対象の城に隣接する城を反復し、隣接する敵の城を探します。

```
// [6-5-70]すべての接続された城を反復する
for (int neighbor : castles[currentCastle].connectedCastles)
{
    // [6-5-71]隣接する城に接続されたすべての城を反復する
    for (int neighborNeighbor : castles[neighbor].connectedCastles)
    {
        // [6-5-72]対象の城が敵の城に隣接しているかどうかを判定する
        if (castles[neighborNeighbor].owner != castles[neighbor].owner)
        {
        }
    }
}
```

隣接する敵の城が見つかった場合は、対象の城を敵と隣接する味方の城のリストに加えて、チェックを終了します。

```
// [6-5-72]対象の城が敵の城に隣接しているかどうかを判定する
if (castles[neighborNeighbor].owner != castles[neighbor].owner)
```

```
{
    frontCastles.push_back(neighbor);// [6-5-73]前線の城のリストに追加する

    break;// [6-5-74]反復を抜ける
}
```

　移動先の城の候補リストを保持する変数 `destCastles` を宣言します。前線の城が見つかった場合は前線の城のリストを、見つからなければ接続された城のリストを設定します。

```
// [6-5-68]接続された敵の城がなければ
else
{
    ...

    // [6-5-75]兵を送る城のリストを宣言する
    std::vector<int> destCastles =

        // 前線の城がないかどうかを判定する
        frontCastles.empty()

            // なければ接続された城のリストを設定する
            ? castles[currentCastle].connectedCastles

            // あれば前線の城のリストを設定する
            : frontCastles;
}
```

兵を送る先の城を決定する

　兵を送るのは、兵数の最も少ない城にします。まずは、兵数の最も少ない順にリストを並び替えます。

```
// [6-5-68]接続された敵の城がなければ
else
{
    ...

    // [6-5-76]兵の少ない順に並び替える
    sort(destCastles.begin(), destCastles.end(),
        [](int _castle0, int _castle1)
        {
            return castles[_castle0].troopCount < castles[_castle1].troopCount;
        }
    );
}
```

　兵を送る城の候補リスト `destCastles` から、兵の少なさで同率1位の城

以外をリストから削除します。

```
// [6-5-68]接続された敵の城がなければ
else
{
    ...

    // [6-5-77]最も兵の少ない城のみになるまで反復する
    while (
        // 兵を送る先の城の候補が複数ある
        (destCastles.size() > 1)

        // かつその中で最も兵数の少ない城よりも兵数の多い城があれば
        && (castles[destCastles.front()].troopCount
            < castles[destCastles.back()].troopCount))
    {
        // [6-5-78]リストから最後尾を削除する
        destCastles.pop_back();
    }
}
```

　残った城の中から移動先の城をランダムで決定し、変数 `targetCastle` に
設定します。

```
// [6-5-68]接続された敵の城がなければ
else
{
    ...

    // [6-5-79]兵を送る城を宣言する
    int targetCastle = destCastles[rand() % destCastles.size()];
}
```

　これで兵の送り先の城が決定しました。

送る兵数を決定する

　移動先の城へ送る兵数を決定します。送る兵数を保持する変数 `sendTroop
Count` を宣言し、送り先の城の空き兵数で初期化します。

```
// [6-5-68]接続された敵の城がなければ
else
{
    ...

    // [6-5-80]送る兵数を宣言する
    int sendTroopCount = TROOP_MAX - castles[targetCastle].troopCount;
}
```

送る兵数は、送り先が敵と隣接する前線か、そうでないかで分岐します。

```
// [6-5-68]接続された敵の城がなければ
else
{
    ...

    // [6-5-81]兵を送る先の城が前線かどうかを判定する
    if (!frontCastles.empty())
    {
    }

    // [6-5-83]兵を送る先の城が前線でない味方の城なら
    else
    {
    }
}
```

　送る先が敵と隣接する前線であれば、送れるだけ送ります。送り先の空き兵数か、送り元の全兵数のうち、小さいほうを設定します。

```
// [6-5-81]兵を送る先の城が前線かどうかを判定する
if (!frontCastles.empty())
{
    // [6-5-82]送り先の空き兵数と送り元の兵数のうち、少ない兵数を設定する
    sendTroopCount = std::min(

        // 送り先の空き兵数
        sendTroopCount,

        // 送り元の兵数
        castles[currentCastle].troopCount);
}
```

　送る先が敵と隣接する前線でないなら、基準兵数から 1 を減算した兵数を残し、それを超える兵数を送り先の上限を超えない範囲で送ります。

```
// [6-5-83]兵を送る先の城が前線でない味方の城なら
else
{
    // [6-5-84]送り先の空き兵数と送り元の余剰兵数のうち、少ない兵数を設定する
    sendTroopCount = std::min(

        // 送り先の空き兵数
        sendTroopCount,

        // 送り元の兵数
        castles[currentCastle].troopCount - (TROOP_BASE - 1));
}
```

これで送る兵数が決定しました。

兵を味方の城に送る

次に、決定した移動先と兵数で兵を送ります。まず、送る兵数が `0` より
大きいかどうかを判定します。

```
// [6-5-68]接続された敵の城がなければ
else
{
    ...

    // [6-5-85]送る兵がいるかどうかを判定する
    if (sendTroopCount > 0)
    {
    }
}
```

送り元の兵数から、送る兵数 `sendTroopCount` を減算します。

```
// [6-5-85]送る兵がいるかどうかを判定する
if (sendTroopCount > 0)
{
    // [6-5-86]送り元の兵数を減らす
    castles[currentCastle].troopCount -= sendTroopCount;
}
```

送り先の城の兵数に、送る兵数 `sendTroopCount` を加算します。

```
// [6-5-85]送る兵がいるかどうかを判定する
if (sendTroopCount > 0)
{
    ...

    // [6-5-87]送り先の兵数を増やす
    castles[targetCastle].troopCount += sendTroopCount;
}
```

兵を送ったメッセージを表示します。

```
// [6-5-85]送る兵がいるかどうかを判定する
if (sendTroopCount > 0)
{
    ...

    // [6-5-88]兵士が移動したメッセージを表示する
    printf("%sから　%sに　%dにん　いどうしました¥n",
        castles[currentCastle].name,
        castles[targetCastle].name,
```

```
        sendTroopCount * TROOP_UNIT);
}
```

■AIが兵を移動させたメッセージが表示される

実行すると、敵が味方の城に兵を送るようになります。これを確認するために、敵が複数の城を所有した状態で、各城の兵数に差が付くように、データを書き換えておくとよいでしょう。

イベントを追加する

1年経過したときに兵数を変動させる

　現状では兵数が減ったままですが、ターンが一巡して1年経過するごとに1単位（1,000人）ずつ基準値よりも少なければ増加し、多ければ兵糧不足で減少するようにします。

　すべての城のターンが終了して年が経過したら、すべての城を反復し、各城の兵数が基準値よりも少なければ加算して多ければ減算します。

```
// [6-5-5]メインループ
while (1)
{
    ...

    // [6-5-104]すべての城を反復する
    for (int i = 0; i < CASTLE_MAX; i++)
    {
        // [6-5-105]対象の城の兵数が基本兵数未満かどうかを判定する
        if (castles[i].troopCount < TROOP_BASE)
        {
            castles[i].troopCount++;// [6-5-106]兵数を増やす
        }

        // [6-5-107]対象の城の兵数が基本兵数より多いかどうかを判定する
        else if (castles[i].troopCount > TROOP_BASE)
        {
            castles[i].troopCount--;// [6-5-108]兵数を減らす
        }
    }
}
```

実行して1年経過すると、兵数が変動するようになります。

プレイヤーの大名家が滅亡したときの処理を作成する

プレイヤーの城がなくなったら、ゲームオーバーになるようにします。プレイヤーの大名家が滅亡するのは、ほかの大名に城を落とされて、すべての城を失ったときです。そこで、プレイヤーの城の数を取得する必要があります。

それでは、任意の大名の城の数を取得する関数 GetCastleCount を宣言します。引数の _lord は大名の番号です。

```
// [6]関数を宣言する場所

// [6-1]城の数を数える関数を宣言する
int GetCastleCount(int _lord)
{
}

...
```

城の数を保持する変数 castleCount を宣言し、関数 GetCastleCount の最後に返します。

```
// [6-1]城の数を数える関数を宣言する
int GetCastleCount(int _lord)
{
    // [6-1-1]城の数を宣言する
    int castleCount = 0;

    // [6-1-5]城の数を返す
    return castleCount;
}
```

すべての城を反復し、対象の大名の城であれば城の数 castleCount を加算します。

```
// [6-1]城の数を数える関数を宣言する
int GetCastleCount(int _lord)
{
    ...

    // [6-1-2]すべての城を反復する
    for (int i = 0; i < CASTLE_MAX; i++)
    {
        // [6-1-3]対象の城の城主が、対象の大名かどうかを判定する
        if (castles[i].owner == _lord)
```

```
    {
        // [6-1-4]城の数を加算する
        castleCount++;
    }
}
    ...
}
```

これで、城の数を数える関数 `GetCastleCount` ができました。

それでは、城を数える関数 `GetCastleCount` を使って、プレイヤーの残りの城が 0 以下かどうかを判定します。

```
// [6-5-11]すべてのターンを反復する
for (int i = 0; i < CASTLE_MAX; i++)
{
    ...

    // [6-5-90]プレイヤーの城がないかどうかを判定する
    if (GetCastleCount(playerLord) <= 0)
    {
    }
}
```

プレイヤーの城がなければゲームオーバーなので、画面を再描画してからゲームオーバーのメッセージを表示し、キーボード入力待ち状態にします。

```
// [6-5-90]プレイヤーの城がないかどうかを判定する
 if (GetCastleCount(playerLord) <= 0)
{
    DrawScreen();// [6-5-91]画面を描画する

    printf("¥n");// [6-5-93]1行空ける

    // [6-5-94]ゲームオーバーのメッセージを表示する
    printf("GAME  OVER¥n");

    _getch();// [6-5-95]キーボード入力を待つ
}
```

■ゲームオーバー

実行してプレイヤーがすべての城を失うと、ゲームオーバーのメッセージが表示されます。しかし、これだけではあまりに味気ないです。敗者にも語られるべき歴史があるはずです。

ゲーム終了時に年表を表示する

　それではゲームオーバーをより感慨深くするために、それまでの大名家の滅亡の歴史を年表にし、ゲームオーバー画面で表示します。

　まず、年表の最大文字数を定義します。ちなみに年表の表示領域の正確なサイズは、62列×9行(最大で9件の滅亡情報が格納されるので)、計558バイトです。

```
#define CHRONOLOGY_MAX  (1024)  // [2-5]年表の最大文字数を定義する
```

　年表の文字列を保持する変数 chronology を宣言します。

```
// [5]変数を宣言する場所
...

char chronology[CHRONOLOGY_MAX];// [5-5]年表を宣言する
```

　ゲームを初期化する処理で、年表をクリアします。文字列の先頭に、文字列終了コードを書き込みます。

```
// [6-3]ゲームを初期化する関数を宣言する
void Init()
{
    ...

    // [6-3-5]年表をクリアする
    sprintf_s(chronology, "");

    ...
}
```

　これで、ゲームが開始するごとに年表がクリアされます。

　次に、年表に大名の滅亡情報を記載します。大名の滅亡が確定するのは、城が落城し、攻められた大名がすべての城を失ったときです。もしも守備側の大名がすべての城を失ったら、滅亡したということになります。

```
// [6-4-15]守備側の兵が全滅したかどうかを判定する
if (castles[_castle].troopCount <= 0)
{
    ...

    // [6-4-22]守備側の大名が、城をすべて失ったかどうかを判定する
    if (GetCastleCount(defensiveLord) <= 0)
```

```
    {
    }
}
```

滅亡したのであれば、年表に追加するメッセージを作成し、変数 `str` に設定します。

```
// [6-4-22]守備側の大名が、城をすべて失ったかどうかを判定する
if (GetCastleCount(defensiveLord) <= 0)
{
    char str[128];   // [6-4-23]追加する文字列を宣言する

    // [6-4-24]追加する文字列を作成する
    sprintf_s(str, "%dねん　%s%sが　%sで　%s%sを　ほろぼす¥n",
        year,                              // 滅ぼした年
        lords[_offensiveLord].familyName,  // 滅ぼした大名の姓
        lords[_offensiveLord].firstName,   // 滅ぼした大名の名
        castles[_castle].name,             // 戦場の名前
        lords[defensiveLord].familyName,   // 滅ぼされた大名の姓
        lords[defensiveLord].firstName);   // 滅ぼされた大名の名
}
```

作成した滅亡メッセージを、年表に追加します。

```
// [6-4-22]守備側の大名が、城をすべて失ったかどうかを判定する
if (GetCastleCount(defensiveLord) <= 0)
{
    ...

    // [6-4-25]年表に文字列を追加する
    strcat_s(chronology, str);
}
```

　実行してゲームを進めると、大名が滅ぼされるごとに年表にメッセージが追加されていきます。これで年表データができました。

ゲームオーバーで年表を表示する

　ゲームオーバーのメッセージが表示される前に、年表を表示します。

```
// [6-5-90]プレイヤーの城がないかどうかを判定する
if (GetCastleCount(playerLord) <= 0)
{
    DrawScreen();// [6-5-91]画面を描画する

    printf("%s", chronology);// [6-5-92]年表を表示する

    ...
}
```

■ゲームオーバーに年表が追加される

実行してゲームオーバーになると、年表が表示されるようになります。しかし何かキーを押すと、ゲームが続行してしまいます。さらに、各大名の評定が終わるごとにゲームオーバーになってしまいます。

ゲームが終了したらゲームをリセットする

ゲームオーバーになったら、ゲームをリセットするようにします。まずはゲームの初期化を行う前の場所に、ジャンプ先のラベル start を追加します。

```
// [6-5]プログラムの実行開始点を宣言する
int main()
{
    ...

start:  // [6-5-2]ゲームの開始ラベル
    ;   // [6-5-3]空文

    ...
}
```

ゲームオーバー中にキーを押したら、初期化前に戻ります。

```
// [6-5-90]プレイヤーの城がないかどうかを判定する
if (playerCastleCount <= 0)
{
    ...

    goto start;// [6-5-96]ゲームの開始ラベルにジャンプする
}
```

■ゲームオーバー後にリセットされていない

実行するとゲームオーバーから大名の選択に戻りますが、ゲームの状況がゲームオーバー前の状態のままです。

　ゲームオーバーから再プレイするために、ゲームを初期化する関数 `Init` で城のデータを初期化します。すべての城を反復し、各城の城主と兵数を初期化します。

```
// [6-3]ゲームを初期化する関数を宣言する
void Init()
{
    year = START_YEAR;// [6-3-1]年をリセットする

    // [6-3-2]すべての城を反復する
    for (int i = 0; i < CASTLE_MAX; i++)
    {
        // [6-3-3]城主を初期化する
        castles[i].owner = i;

        // [6-3-4]兵数を初期化する
        castles[i].troopCount = TROOP_BASE;
    }

    ...
}
```

　実行してゲームオーバーになると、今度はゲームが初期状態に戻ります。これでゲームオーバーの処理ができました。

プレイヤーが天下統一したときの処理を作成する

　最後に、プレイヤーが天下統一を達成したらエンディングになるようにします。まずはゲームオーバーの判定のあとで、プレイヤーがすべての城を所有しているかどうかを判定します。

```
// [6-5-90]プレイヤーの城がないかどうかを判定する
if (GetCastleCount(playerLord) <= 0)
{
    ...
}

// [6-5-97]プレイヤーすべての城を所有しているかどうかを判定する
else if (GetCastleCount(playerLord) >= CASTLE_MAX)
{
}
```

　すべての城がプレイヤーの所有であれば、ゲームオーバーと同様にまずは画面を再描画し、年表を表示します。

```
// [6-5-97]プレイヤーすべての城を所有しているかどうかを判定する
else if (GetCastleCount(playerLord) >= CASTLE_MAX)
```

```
{
    DrawScreen();// [6-5-98]画面を描画する

    printf("%s", chronology);// [6-5-99]年表を表示する
}
```

　次にエンディングのメッセージを表示し、キーボード入力待ち状態にします。史実の天下人、徳川家康に倣って、天下統一の3年後に征夷大将軍になって、幕府を開くとします。

```
// [6-5-97]プレイヤーすべての城を所有しているかどうかを判定する
else if (playerCastleCount >= CASTLE_MAX)
{
    ...

    // [6-5-100]エンディングのメッセージを表示する
    printf("%dねん　%s%sが　せいいたいしょうぐんに　にんぜられる¥n"
        "%dねん　%s%sが　%sばくふを　ひらく¥n"
        "¥n"
        "ＴＨＥ　ＥＮＤ",
        year + 3,                          // 征夷大将軍になった年
        lords[playerLord].familyName,      // プレイヤーの大名の姓
        lords[playerLord].firstName,       // プレイヤーの大名の名
        year + 3,                          // 幕府を開いた年
        lords[playerLord].familyName,      // プレイヤーの大名の姓
        lords[playerLord].firstName,       // プレイヤーの大名の名
        lords[playerLord].familyName);     // 幕府の名前

    _getch();// [6-5-101]キーボード入力を待つ
}
```

　最後に、エンディング中にキーボードを押したら、ゲームオーバーと同様に初期化前に戻るようにします。

```
// [6-5-97]プレイヤーすべての城を所有しているかどうかを判定する
else if (playerCastleCount >= CASTLE_MAX)
{
    ...

    goto start;// [6-5-102]ゲーム開始ラベルにジャンプする
}
```

C:¥Users¥Users¥Desktop¥Project¥HebkKDebug¥Project1.exe

```
1688わん     ~~~~~~~~~~~~~~~~~~~~~~~~~
             ~~~~~~~~~~~~~     8米沢5
             ~~~~~~~~~~   1春日5  徳川
             ~~~~~~~~~~~   ~徳川
             ~~~~~~~~~~~~~~~~~~~~~~
             ~~~~~~~~~~~~   2駿府5
             ~~~~~~~~~~~~    徳川
  7吉田5  6二条5   5岐阜5      3小田5
   徳川   徳川  ~   4岡崎5 徳川~
     ~ 徳川  ~     徳川 ~
    ~ 8豊5 ~        ~
~3内緒5    ~
~徳川~
1573わん 織田信長が 二条林で 足利義昭を ほろぼす
1827わん 織田信長が 稲葉ヶ砕崎で 浅田信玄を ほろぼす
1833わん 織田信長が 春日山林で 上杉謙信を ほろぼす
1853わん 織田信長が 岡島林で 長宗我部元親を ほろぼす
1855わん 織田信長が 吉田郡山林で 毛利元就を ほろぼす
1837わん 織田信長が 内林で 島津義久を ほろぼす
1593わん 織田信長が 米沢林で 伊達政宗を ほろぼす
1593わん 織田信長が 小田原林で 北条氏政を ほろぼす
1888わん 徳川家康が 二条林で 織田信長を ほろぼす
1683わん 徳川家康が せいいたいしょうぐんに にんぜられる
1683わん 徳川ばくふを ひらく
THE END.
```

■エンディング

実行してプレイヤーが天下統一すると、エンディングになります。エンディングで何かキーを押すとゲームがリセットされます。年表にはプレイヤーの軌跡が刻まれて感慨深いですが、ゲーム開始年以降に登場する重要人物が登場せず、年表が史実どおりになり得ないのが心残りです。

歴史イベント「本能寺の変」を追加する

そこで歴史イベントを発生させて当主の世代交代をさせることで、重要人物が登場するようにします。明智光秀がクーデターを起こして織田信長を自害に追い込み、後日明智光秀を討った羽柴秀吉により織田家の継承の地位が簒奪される一連のイベント、「本能寺の変」を追加します。

明智光秀

謀反を起こし織田政権を転覆「明智光秀」

織田信長に仕え天下取りに貢献するも、「本能寺の変」を起こします。数日後、毛利攻めから「中国大返し」と呼ばれるとてつもない早さで駆けつけた羽柴秀吉に「山崎の戦い」で敗北し、落ち延びる途中で落ち武者狩りに遭い、非業の死を遂げます。

豊臣秀吉
<small>とよとみひでよし</small>

　織田信長に仕え大出世し、織田信長亡きあとの権力争い「賤ヶ岳の戦い」に勝利し、その後勢力を拡大し天下を統一します。豊臣秀吉亡きあとの豊臣家は、豊臣家の内乱「関ヶ原の戦い」で家臣の徳川家康が勝利したことにより権威を失い、「大阪の陣」で徳川家康に滅ぼされます。

<small>織田家を乗っ取り
天下統一
「豊臣秀吉」</small>

　メインループの最後で、イベントの発生条件を満たしているかどうかを判定します。イベントが発生しやすいように、条件を緩く設定します。年が1582年で、かつ織田家が本能寺のある京を支配している証として二条城を所有していれば発生するようにします。

```
// [6-5-5]メインループ
while (1)
{
    ...

    // [6-5-109]「本能寺の変」イベントが起きる条件を満たしているかどうかを判定する
    if (
        // 1582年である
        (year == 1582)

        // かつ織田家が二条城を所有している
        && (castles[CASTLE_NIJO].owner == LORD_ODA))
    {
    }
}
```

　画面を再描画してからイベントのメッセージを表示して、キーボード入力待ち状態にします。

```
// [6-5-109]「本能寺の変」イベントが起きる条件を満たしているかどうかを判定する
if (...)
{
    DrawScreen();// [6-5-112]画面を再描画する

    // [6-5-113]「本能寺の変」イベントのメッセージを表示する
    printf(
        "明智光秀「てきは　本能寺に　あり！¥n"
        "¥n"
        "明智光秀が　本能寺の　織田信長を　しゅうげきした！¥n"
        "¥n"
```

```
    "織田信長「ぜひに　およばず…¥n"
    "¥n"
    "織田信長は　本能寺に　ひをはなち　じがいした！¥n"
    "¥n"
    "ごじつ、羽柴秀吉が　山崎のたたかいで　明智光秀を　たおし、¥n"
    "織田けの　こうけいの　ちいを　さんだつした！¥n");

    _getch();// [6-5-114]キーボード入力を待つ
}
```

実行してイベントの発生条件を満たすと、イベントのメッセージが表示されます。しかし勢力図に変化がありません。

■歴史イベントが発生する

　それでは歴史イベントの画面を描画する前に、大名の名前を書き換えます。大名「織田信長」を「羽柴秀吉」に書き換えます。

```
// [6-5-109]「本能寺の変」イベントが起きる条件を満たしているかどうかを判定する
if (...)
{
    // [6-5-110]織田家大名の姓を「羽柴」に書き換える
    strcpy_s(lords[LORD_ODA].familyName, "羽柴");

    // [6-5-111]織田家大名の名を「秀吉」に書き換える
    strcpy_s(lords[LORD_ODA].firstName, "秀吉");

    ...
}
```

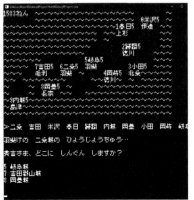

■織田家の大名が羽柴秀吉になる

実行して歴史イベントを発生させると、今度は地図上の大名の名前が「織田」から「羽柴」に変わったことが確認できます。これで「本能寺の変」イベントができました。これで「三英傑」（織田信長、豊臣秀吉、徳川家康）全員が登場するゲームになりました。また、これを応用すれば、世代交代イベントで「伊達政宗」などを登場させることも簡単です。

　おめでとうございます！これで戦国SLGが完成しました。攻城戦については、力攻めだけでなく兵糧攻めも追加すればより本格的でしょう。合戦には攻城戦だけでなく、野戦も欲しいところです。

Appendix
1

戦国シミュレーションゲームを
三国志に改造する

データの書き換えで、戦国を三国に！

戦国シミュレーションゲームのデータを書き換えて、三国志のゲームに改造する

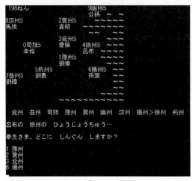

■このAppendixのゲームの画面

第7章で戦国SLGを作成しましたが、「三国志のほうが好き」もしくは「三国志も好き」という人も多いでしょう。そこでこのAppendixでは、第7章の戦国SLGを改造して、三国志にします。基本的にはデータを書き換えるだけですが、一部のプログラムの修正、プロジェクトの設定が必要になります。

そもそも『三国志』とは何か──四大奇書の一つ『三国志演義』

『三国志』とは、西暦200年前後の中国で後漢が衰退して滅び、そのあと興った魏・蜀漢・呉の3国が鎬を削る三国時代を記した歴史書です。それをもとにフィクションを盛り込んで書かれた小説『三国志演義』は中国の「四大奇書」の一つと呼ばれ、中国を代表する文学とされます。日本では『三国志演義』をベースとした派生作品が多く生まれ、吉川英治氏による小説『三国志』(1939年〜1943年)、横山光輝氏による漫画『三国志』(1971年〜1987年)、コンピュータゲーム『三國志』シリーズ(1985年〜)などにより、三国志の世界は幅広い世代を魅了してきました。

三国志武将列伝

このAppendixに登場する君主(戦国SLGでは「大名」)を紹介します。

中国での人名は、姓(氏)と諱(名)と字から構成されます。たとえば、三国志を代表する天才軍師と言われる諸葛亮(孔明)なら、姓は「諸葛」、諱は「亮」、字は「孔明」となります。

曹操(孟徳)

後漢の皇帝を傀儡として勢力を拡大し、三国時代最大の王朝である魏の

礎を築きます。子の曹丕が後漢の皇帝を退位させ、魏を興します。しかし魏は、曹操の時代から仕えた司馬懿のクーデターにより権力を掌握され、さらに司馬懿の孫の司馬炎が魏の皇帝を退位させ、西晋を興し中国を統一します。

劉備(玄徳)

　義兄弟の関羽・張飛を率い、天才軍師、諸葛亮の「天下三分の計」により三国の一角として台頭します。後漢が魏に滅ぼされると、劉備は漢の皇帝を名乗り、三国の一つ蜀漢を興します。劉備亡きあとの蜀漢は、諸葛亮による「北伐」で魏に善戦しますが、諸葛亮亡きあとは衰退し、魏に滅ぼされます。蜀漢は、三国のうち最も早く滅びたことになります。

孫策(伯符)

　三国の一つ呉を興す孫権の兄です。1,000人足らずの軍から勢力を拡大し、呉の礎を築きます。しかし呉は西暦280年に西晋に滅ぼされ、三国時代は終結となります。

呂布(奉先)

　三国時代最強と言われる武将です。主君への裏切りを繰り返して放浪し、劉備に身を寄せるも隙を突いて拠点を奪い取り独立します。しかし曹操に攻められ投降し、処刑されます。

袁紹(本初)

　最盛期には当時の曹操をはるかに凌ぐ大勢力を築くも、「官渡の戦い」で曹操に敗北し、間もなく病死します。その後袁家は、後継者争いの隙を曹操に突かれ滅ぼされます。

劉表(景升)

　のちに三国による争奪戦が繰り広げられる荊州の刺史で、放浪していた劉備を受け入れます。曹操に攻め込まれる直前に病死し、家督を継いだ劉琮は曹操に降伏します。

劉璋(季玉)

のちに劉備が蜀漢を興す益州の刺史でしたが、劉備に攻められ降伏し、荊州に左遷されます。荊州が孫権に落とされると孫権の家臣になりますが、間もなく病死します。

馬騰(寿成)

蜀漢の五虎大将軍(関羽、張飛、馬超、黄忠、趙雲)の一人、馬超の父です。曹操の誘いで朝廷に仕えるも、馬超が曹操を攻撃したことにより処刑されます。『三国志演義』では曹操の暗殺計画に参加する熱血漢として描かれますが、失敗して曹操に処刑されます。

公孫瓚(伯珪)

有力な将軍として頭角を現すも、袁紹との勢力争いに敗れて自害します。

李傕(稚然)

後漢皇帝を傀儡にして専横を振るう董卓が呂布に暗殺されると、董卓の配下であった李傕は呂布を襲撃して追い出し、後漢朝廷の実権を握るも、最期は曹操によって討伐されます。

時代設定——196年 呂布の台頭と曹操の献帝掌握

ゲームが開始する年は、魅力的な君主が群雄割拠する196年としました。小説『三国志演義』前半の主人公格である劉備が独立し、最強の武将呂布も独立しており、のちに最大勢力となる曹操が勢力を拡大する前という絶妙な時期です。

ゲームデータを書き換える

コンソールの設定

本章のゲームでは、「美咲フォント」では表示できない文字を扱います。そこで、コンソールのフォントを「ＭＳ ゴシック」に変更します。フォント

のサイズは28、画面バッファーとウィンドウの幅は62、高さは33に設定します。

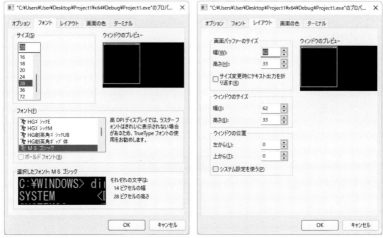

■フォントの設定　　　　　　　　　　　■レイアウトの設定

君主のデータを書き換える

登場する君主の種類のタグを書き換えます。

```
// [3-1]大名の種類を定義する
enum
{
    LORD_RIKAKU,      // [3-1- 1]李傕
    LORD_RYUBI,       // [3-1- 2]劉備
    LORD_ENSHO,       // [3-1- 3]袁紹
    LORD_SOSO,        // [3-1- 4]曹操
    LORD_RYOFU,       // [3-1- 5]呂布
    LORD_RYUHYO,      // [3-1- 6]劉表
    LORD_SONSAKU,     // [3-1- 7]孫策
    LORD_RYUSHO,      // [3-1- 8]劉璋
    LORD_BATO,        // [3-1- 9]馬騰
    LORD_KOSONSAN,    // [3-1-10]公孫瓚
    LORD_MAX          // [3-1-11]種類の数
};
```

君主のデータを書き換えます。戦国SLGでは `familyName` が「姓」、`firstName` が「名」でしたが、このAppendixの三国志では `familyName` が「姓＋名」、`firstName` が「字」となります。

```
// [5-1]大名の配列を宣言する
LORD lords[LORD_MAX] =
{
    {"李傕",        "稚然",},   // [5-1- 1]LORD_RIKAKU      李傕
    {"劉備",        "玄徳",},   // [5-1- 2]LORD_RYUBI       劉備
    {"袁紹",        "本初",},   // [5-1- 3]LORD_ENSHO       袁紹
    {"曹操",        "孟徳",},   // [5-1- 4]LORD_SOSO        曹操
    {"呂布",        "奉先",},   // [5-1- 5]LORD_RYOFU       呂布
    {"劉表",        "景升",},   // [5-1- 6]LORD_RYUHYO      劉表
    {"孫策",        "伯符",},   // [5-1- 7]LORD_SONSAKU     孫策
    {"劉璋",        "季玉",},   // [5-1- 8]LORD_RYUSHO      劉璋
    {"馬騰",        "寿成",},   // [5-1- 9]LORD_BATO        馬騰
    {"公孫瓚",      "伯珪",},   // [5-1-10]LORD_KOSONSAN    公孫瓚
};
```

州のデータを書き換える

　君主の拠点は戦国SLGでは「城」でしたが、このAppendixの三国志では「州」とします[注1]。州の種類を書き換えます。

```
// [3-2]城の種類を定義する
enum
{
    CASTLE_SHIREI,   // [3-2- 1]司隷
    CASTLE_YOSHU,    // [3-2- 2]豫州
    CASTLE_KISHU,    // [3-2- 3]冀州
    CASTLE_ENSHU,    // [3-2- 4]兗州
    CASTLE_JOSHU,    // [3-2- 5]徐州
    CASTLE_KEISHU,   // [3-2- 6]荊州
    CASTLE_YOUSHU,   // [3-2- 7]揚州
    CASTLE_EKISHU,   // [3-2- 8]益州
    CASTLE_RYOSHU,   // [3-2- 9]涼州
    CASTLE_YUSHU,    // [3-2-10]幽州
    CASTLE_MAX       // [3-2-11]種類の数
};
```

　州の配列 `castles` の宣言で、州の名前、州牧（戦国SLGでは「城主」）を書き換えます。州の接続情報はあとで設定するので、いったん削除します。

```
// [5-2]城の配列を宣言する
CASTLE castles[CASTLE_MAX] =
{
    // [5-2-1]CASTLE_SHIREI 司隷
    {
        "司隷",          // const char* name     名前
        LORD_RIKAKU,     // int owner            城主
        TROOP_BASE,      // int troopCount       兵数
```

注1　コメントの修正の大部分は省略します。

```
    },
```

```
    // [5-2-2]CASTLE_YOSHU 豫州
    {
        "豫州",     // const char* name 名前
        LORD_RYUBI, // int owner        城主
        TROOP_BASE, // int troopCount   兵数
    },
```

```
    // [5-2-3]CASTLE_KISHU 冀州
    {
        "冀州",     // const char* name 名前
        LORD_ENSHO, // int owner        城主
        TROOP_BASE, // int troopCount   兵数
    },
```

```
    // [5-2-4]CASTLE_ENSHU 竞州
    {
        "竞州",     // const char* name 名前
        LORD_SOSO,  // int owner        城主
        TROOP_BASE, // int troopCount   兵数
    },
```

```
    // [5-2-5]CASTLE_JOSHU 徐州
    {
        "徐州",      // const char* name 名前
        LORD_RYOFU,  // int owner        城主
        TROOP_BASE, // int troopCount   兵数
    },
```

```
    // [5-2-6]CASTLE_KEISHU 荊州
    {
        "荊州",        // const char* name 名前
        LORD_RYUHYO,   // int owner        城主
        TROOP_BASE,    // int troopCount   兵数
    },
```

```
    // [5-2-7]CASTLE_YOUSHU 揚州
    {
        "揚州",        // const char* name 名前
        LORD_SONSAKU,  // int owner        城主
        TROOP_BASE,    // int troopCount   兵数
    },
```

```
    // [5-2-8]CASTLE_EKISHU 益州
    {
        "益州",        // const char* name 名前
```

```
        LORD_RYUSHO,    // int owner       城主
        TROOP_BASE,     // int troopCount  兵数
    },
```

```
    // [5-2-9]CASTLE_RYOSHU 涼州
    {
        "涼州",      // const char* name 名前
        LORD_BATO,  // int owner       城主
        TROOP_BASE, // int troopCount  兵数
    },
```

```
    // [5-2-10]CASTLE_YUSHU 幽州
    {
        "幽州",           // const char* name 名前
        LORD_KOSONSAN,   // int owner       城主
        TROOP_BASE,      // int troopCount  兵数
    }
};
```

これで州のデータの書き換えができました。

■アラートが表示される

ここでビルドすると、設定した文字列にデフォルトのエンコード(Shift_JIS)では表示できない文字を含んでいるので、アラートが表示されます。ここは「はい」を選んで、ソースコードのエンコードをUTF-8に変更します。

これでビルドできるようになりますが、プログラムに戦国SLGの定数が残っているので、エラーが出ます。

エラーをなくすために、まずは戦国SLGの地図の描画をコメントアウトします。

```
/*
// [6-2-2]地図の1行目を描画する
printf(...);

...

// [6-2-17]地図の16行目を描画する
printf(...);
*/
```

次に、戦国SLGの歴史イベントを削除します。

```
// [6-5-109]「本能寺の変」イベントが起きる条件を満たしているかどうかを判定する
if (...)
{
    ...
}
```

■地図が消えてしまう

これでエラーがなくなりますが、実行すると地図がなくなってしまいます。

サンプルの地図を描画する

地図を描画する前に、完成形がどのようになるか、地図が正しく描画されているかを確認するために、完成サンプルを描画します。

```
// [6-2-1.5]地図のサンプルを描画する
printf("%s",
    " 196ねん                    9幽州5          ¥n"// 01
    "                           公孫  ～  ～¥n"// 02
    "8涼州5         2冀州5          ～～～～～¥n"// 03
    "馬騰          袁紹      ～～～～～～～¥n"// 04
    "                           ～～    ～～¥n"// 05
    "              3兗州5          ～～～¥n"// 06
    "     0司隷5   曹操   4徐州5 ～～～¥n"// 07
    "     李催              呂布  ～～～～¥n"// 08
    "              1豫州5          ～～～¥n"// 09
    "              劉備            ～～～¥n"// 10
    "7益州5    5荊州5       6揚州5    ～～¥n"// 11
    "劉璋       劉表        孫策    ～～¥n"// 12
    "                           ～～～¥n"// 13
    "                           ～～～¥n"// 14
    "                           ～～～～～¥n"// 15
    "                           ～～～～～～～～～～¥n"// 16
);
```

戦国シミュレーションゲームを三国志に改造する
データの書き換えで、戦国を三国に！

■完成サンプルの地図が描画される

実行すると、完成サンプルの地図が描画されますが、兗州の「兗」と、李催の「催」が文字化けしてしまいます。

文字化けを修正する

文字化けを直すために、まずはVisual Studioで扱う文字コードをUTF-8に変更します。

■プロジェクトのプロパティの設定

❶メニューバーから[プロジェクト][Project1のプロパティ]を選択し、プロジェクトのプロパティダイアログボックスを開きます。

❷[構成プロパティ][C/C++][コマンドライン]を選択します。

❸[追加のオプション]に、エンコード設定として「/utf-8」と追加します。

❹[OK]を選択して変更を保存します。

次に、コンソールの文字セットをUTF-8に設定します。

```
// [6-5]プログラムの実行開始点を宣言する
int main()
{
    system("chcp 65001");// [6-5-0]コンソールの文字セットをUTF-8に設定する

    ...
}
```

■州の一覧表示が文字化けしてしまう

実行すると、地図の文字化けが直りますが、州の一覧表示が文字化けしてしまいます。これは、文字コードの変更により、文字のデータサイズが変わったからです。本章のゲームで使用する漢字は、Shift_JISでは1文字が2バイトでしたが、UTF-8では1文字が3バイトです。そこで、戦略画面で州を一覧表示するところで、全角文字を2文字だけ表示する処理の1文字あたりのバイト数を、4バイト（2バイト×2文字）から6バイト（3バイト×2文字）に変更します。

```
// [6-5-15]各ターンの城の名前を描画する
printf("%.6s", castles[turnOrder[j]].name);
```

■州の一覧表示が文字化けが直る

実行すると、州の一覧表示の文字化けが直ります。これで特別な漢字も表示できるようになりました。

正式な地図を描画する

それでは書き換えたデータを参照しながら、本物の地図を描画します。まずはサンプルの地図をコメントアウトしておきます。

```
/*
// [6-2-1.5]地図のサンプルを描画する
printf(...);
*/
```

ゲームを開始する年を変更します。

```
// [2]定数を定義する場所
...
#define START_YEAR  (196)    // [2-4]開始年を定義する
...
```

　コメントアウトした戦国SLGの地図描画処理と、上記で作成した三国志のサンプルの地図をコピー＆ペーストしながら、1行ずつ地図を描画していきます。

```
// [6-2-2]地図の1行目を描画する
printf(" %dねん              %d%.6s%d       ¥n",
    year,                          // 年
    CASTLE_YUSHU,                  // 幽州の州番号
    castles[CASTLE_YUSHU].name,    // 幽州の名前
    castles[CASTLE_YUSHU].troopCount); // 幽州の兵数
```

```
// [6-2-3]地図の2行目を描画する
printf("                     %.6s  ～  ～¥n",
    lords[castles[CASTLE_YUSHU].owner].familyName); // 幽州の州牧の氏名
```

```
// [6-2-4]地図の3行目を描画する
printf("%d%.6s%d            %d%.6s%d       ～～～～～¥n",
    CASTLE_RYOSHU,                  // 涼州の州番号
    castles[CASTLE_RYOSHU].name,    // 涼州の名前
    castles[CASTLE_RYOSHU].troopCount, // 涼州の兵数
    CASTLE_KISHU,                   // 冀州の州番号
    castles[CASTLE_KISHU].name,     // 冀州の名前
    castles[CASTLE_KISHU].troopCount); // 冀州の兵数
```

```
// [6-2-5]地図の4行目を描画する
printf("%.6s          %.6s   ～～～～～～～¥n",
    lords[castles[CASTLE_RYOSHU].owner].familyName, // 涼州の州牧の氏名
    lords[castles[CASTLE_KISHU].owner].familyName); // 冀州の州牧の氏名
```

```
// [6-2-6]地図の5行目を描画する
printf("                     ～～   ～～¥n");
```

```
// [6-2-7]地図の6行目を描画する
printf("             %d%.6s%d          ～～～¥n",
    CASTLE_ENSHU,                  // 兗州の州番号
    castles[CASTLE_ENSHU].name,    // 兗州の名前
    castles[CASTLE_ENSHU].troopCount); // 兗州の兵数
```

```
// [6-2-8]地図の7行目を描画する
printf("    %d%.6s%d     %.6s    %d%.6s%d  ～～～¥n",
    CASTLE_SHIREI,                          // 司隷の州番号
```

```
    castles[CASTLE_SHIREI].name,                    // 司隷の名前
    castles[CASTLE_SHIREI].troopCount,              // 司隷の兵数
    lords[castles[CASTLE_ENSHU].owner].familyName,  // 兗州の州牧の氏名
    CASTLE_JOSHU,                                   // 徐州の州番号
    castles[CASTLE_JOSHU].name,                     // 徐州の名前
    castles[CASTLE_JOSHU].troopCount);              // 徐州の兵数
```

```
// [6-2-9]地図の8行目を描画する
printf("      %.6s              %.6s  ～～～～¥n",
    lords[castles[CASTLE_SHIREI].owner].familyName,  // 司隷の州牧の氏名
    lords[castles[CASTLE_JOSHU].owner].familyName);  // 徐州の州牧の氏名
```

```
// [6-2-10]地図の9行目を描画する
printf("                  %d%s%d        ～～～～¥n",
    CASTLE_YOSHU,                    // 豫州の州番号
    castles[CASTLE_YOSHU].name,      // 豫州の名前
    castles[CASTLE_YOSHU].troopCount);  // 豫州の兵数
```

```
// [6-2-11]地図の10行目を描画する
printf("          %.6s            ～～～¥n",
    lords[castles[CASTLE_YOSHU].owner].familyName);  // 豫州の州牧の氏名
```

```
// [6-2-12]地図の11行目を描画する
printf("      %d%.6s%d            %d%.6s%d ～～¥n",
    CASTLE_KEISHU,                    // 荊州の州番号
    castles[CASTLE_KEISHU].name,      // 荊州の名前
    castles[CASTLE_KEISHU].troopCount,  // 荊州の兵数
    CASTLE_YOUSHU,                    // 揚州の州番号
    castles[CASTLE_YOUSHU].name,      // 揚州の名前
    castles[CASTLE_YOUSHU].troopCount);  // 揚州の兵数
```

```
// [6-2-13]地図の12行目を描画する
printf("%d%.6s%d      %.6s              %.6s   ～～¥n",
    CASTLE_EKISHU,                    // 益州の州番号
    castles[CASTLE_EKISHU].name,      // 益州の名前
    castles[CASTLE_EKISHU].troopCount,  // 益州の兵数
    lords[castles[CASTLE_KEISHU].owner].familyName,  // 荊州の州牧の氏名
    lords[castles[CASTLE_YOUSHU].owner].familyName);  // 揚州の州牧の氏名
```

```
// [6-2-14]地図の13行目を描画する
printf("%.6s                      ～～¥n",
    lords[castles[CASTLE_EKISHU].owner].familyName);  // 益州の州牧の氏名
```

```
// [6-2-15]地図の14行目を描画する
printf("                        ～～¥n");
```

```
// [6-2-16]地図の15行目を描画する
printf("                              ～～～～～¥n");
```

```
// [6-2-17]地図の16行目を描画する
printf("                       ～～～～～～～～～～～¥n");
```

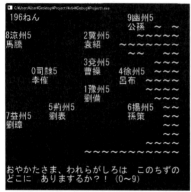

　実行すると、サンプルと同じ地図が描画されます。

■正式な地図が描画される

州の接続情報を書き換える

　州の配列 `castles` の宣言で、州の接続情報 `connectedCastles` を追加します。

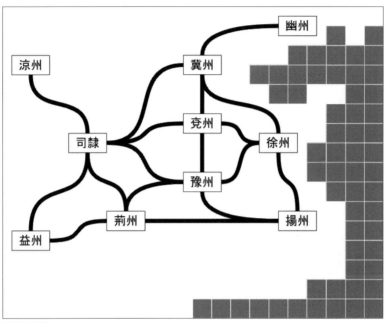

■州の接続

```
// [5-2]兗州の配列を宣言する
CASTLE castles[CASTLE_MAX] =
{
    // [5-2-1]CASTLE_SHIREI 司隷
    {
        ...

        // std::vector<int> connectedCastles    接続された城のリスト
        {
            CASTLE_YOSHU,    // 豫州
            CASTLE_KISHU,    // 冀州
            CASTLE_ENSHU,    // 兗州
            CASTLE_KEISHU,   // 荊州
            CASTLE_EKISHU,   // 益州
            CASTLE_RYOSHU    // 涼州
        }
    },
```

```
    // [5-2-2]CASTLE_YOSHU 豫州
    {
        ...

        // std::vector<int> connectedCastles    接続された城のリスト
```

```
        {
            CASTLE_SHIREI,    // 司隷
            CASTLE_ENSHU,     // 兗州
            CASTLE_JOSHU,     // 徐州
            CASTLE_KEISHU,    // 荊州
            CASTLE_YOUSHU     // 揚州
        }
    },

    // [5-2-3]CASTLE_KISHU  冀州
    {
        ...

        // std::vector<int> connectedCastles    接続された城のリスト
        {
            CASTLE_SHIREI,    // 司隷
            CASTLE_ENSHU,     // 兗州
            CASTLE_JOSHU,     // 徐州
            CASTLE_YUSHU      // 幽州
        }
    },

    // [5-2-4]CASTLE_ENSHU  兗州
    {
        ...

        // std::vector<int> connectedCastles    接続された城のリスト
        {
            CASTLE_SHIREI,    // 司隷
            CASTLE_YOSHU,     // 豫州
            CASTLE_KISHU,     // 冀州
            CASTLE_JOSHU      // 徐州
        }
    },

    // [5-2-5]CASTLE_JOSHU  徐州
    {
        ...

        // std::vector<int> connectedCastles    接続された城のリスト
        {
            CASTLE_YOSHU,     // 豫州
            CASTLE_KISHU,     // 冀州
            CASTLE_ENSHU,     // 兗州
            CASTLE_YOUSHU     // 揚州
        }
    },
```

```
// [5-2-6]CASTLE_KEISHU 荊州
{
    ...

    // std::vector<int> connectedCastles    接続された城のリスト
    {
        CASTLE_SHIREI,   // 司隷
        CASTLE_YOSHU,    // 豫州
        CASTLE_YOUSHU,   // 揚州
        CASTLE_EKISHU    // 益州
    }
},
```

```
// [5-2-7]CASTLE_YOUSHU 揚州
{
    ...

    // std::vector<int> connectedCastles    接続された城のリスト
    {
        CASTLE_YOSHU,    // 豫州
        CASTLE_JOSHU,    // 徐州
        CASTLE_KEISHU    // 荊州
    }
},
```

```
// [5-2-8]CASTLE_EKISHU 益州
{
    ...

    // std::vector<int> connectedCastles    接続された城のリスト
    {
        CASTLE_SHIREI,   // 司隷
        CASTLE_KEISHU    // 荊州
    }
},
```

```
// [5-2-9]CASTLE_RYOSHU 涼州
{
    ...

    // std::vector<int> connectedCastles    接続された城のリスト
    {
        CASTLE_SHIREI    // 司隷
    }
},
```

```
// [5-2-10]CASTLE_YUSHU 幽州
{
    ...
```

```
// std::vector<int> connectedCastles    接続された城のリスト
{
    CASTLE_KISHU    // 冀州
}
}
};
```

戦国時代固有の設定を三国志向けに変更する

兵数の単位を変更する

　兵数の単位のマクロ `TROOP_UNIT` を、三国志のスケールに合わせて1万（ 10000 ）人に変更します。

```
// [2]定数を定義する場所
...
#define TROOP_UNIT  (10000) // [2-3]兵数の単位を定義する
...
```

　進軍人数の入力を促すメッセージで、兵数の単位を変更します。

```
// [6-5-41]入力された城を通知して、移動する兵数の入力を促すメッセージを表示する
printf("%sに　なんまんにん　しんぐん　しますか？（0～%d）¥n", ...);
```

　合戦シーンで表示する兵数を、4桁から 5 桁に修正します。

```
// [6-4-6]合戦の経過を表示する
printf("%sぐん（%5dにん）　X　%sぐん（%5dにん）¥n",
    ...);
```

　これで兵数の単位の変更ができました。

メッセージを修正する

　現状では、たとえば劉備の場合は「劉備家」と表示されますが、これは「織田信長家」と言うようなものです。正しくは「劉家」となりますが、これだと劉備と劉璋の姓が被ってわかりづらいので、「劉備家」と表示されるところは「家」の表示を止めて、「劉備」となるようにします。

```
// [6-4-20]城主が攻め込んだ大名に変わったメッセージを表示する
printf("%sは  %s付の  ものとなります¥n", ...);
```

```
// [6-5-18]メッセージを表示する
printf("%s付の  %sの  ひょうじょうちゅう…¥n", ...);
```

戦国時代に家臣が主君を呼ぶ「お館様」ですが、三国志のドラマなどでは「我が君」と呼びます。

```
// [6-3-7]大名の選択を促すメッセージを表示する
printf("わがきみ、われらがしろは  このちずの¥n"
    ...);
```

君主が敵の城に攻め込んだときのメッセージで、字の部分に括弧を付けます。

```
// [6-5-65]攻め込むメッセージを表示する
printf("%sの  %s (%s) が  %sに  せめこみました！¥n", ...);
```

君主がほかの君主を滅ぼしたときのメッセージにも、字の部分に括弧を付けます。

```
// [6-4-24]追加する文字列を作成する
sprintf_s(str, "%dねん  %s (%s) が  %sで  %s (%s) を  ほろぼす¥n", ...);
```

最後に、エンディングのメッセージを変更します。

```
// [6-5-100]エンディングのメッセージを表示する
printf("%dねん  %s (%s) が  てんかを  とういつする¥n"
    "¥n"
    "Ｔ Ｈ Ｅ   Ｅ Ｎ Ｄ",
    year,                          // 天下統一した年
    lords[playerLord].familyName,  // プレイヤーの君主の氏名
    lords[playerLord].firstName);  // プレイヤーの君主の字
```

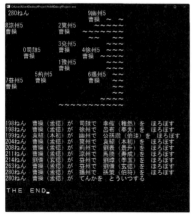

■エンディング

おめでとうございます！ これで戦国SLGが三国志になりました。しかし三国志には、君主以外の配下武将にも魅力的な武将が多く、彼らが登場しないのが残念です。配下武将システムを追加し、州牧を任せたり合戦で登場させたりすることができれば、より史実に近付きおもしろくなりそうです。

Appendix
2
王道RPG 完全版

戦闘シーンにフィールドシーンを追加して、
完全なRPGに仕上げよう!

王道RPGの世界を完全再現したい！
──第1章の戦闘シーンを拡張して、完全なRPGにしよう

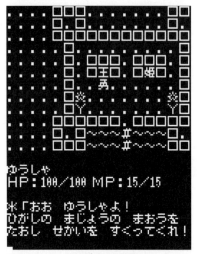

ゆうしゃ
HP：100／100 MP：15／15

※「おお ゆうしゃよ！
ひがしの まじょうの まおうを
たおし せかいを すくってくれ！

■このAppendixのゲームの画面

第1章で作成したRPGは戦闘シーンのみで、完成したゲームとは言いがたいものがありました。

そこでこのAppendixでは、第1章で作成したRPGの戦闘シーンにフィールドシーンを追加して、勇者の旅立ちからラスボス討伐までを体験する、最小限ながら完全なRPGとして完成させます。

ゲームは王様の城から始まり、フィールドを探索して魔王の城に到達し、魔王との決戦までを描きます。

プログラムの基本構造を作成する

第1章のプログラムを拡張する

プログラムのベースとして、第1章のプログラムが完成した状態のものを使用します。

コンソールの設定

コンソールの設定は、フォントサイズは36、画面バッファーとウィンドウのサイズの幅は34、高さは20に変更します。

■フォントの設定　　　　　　　　　　　■レイアウトの設定

フィールドを追加する

ゲーム開始時のシーンであるフィールドシーンを作成します。

フィールドのデータを作成する

あとでマップを追加して切り替えることを想定し、まずはマップの種類を定義します。

```
// [3]列挙定数を定義する場所
...

// [3-4]マップの種類を定義する
enum {
    MAP_FIELD,   // [3-4-1]フィールド
    MAP_MAX      // [3-4-4]マップの種類の数
};
```

マップの最大の幅と高さを定義します。幅を `MAP_WIDTH` 、高さを `MAP_HEIGHT` とします。

```
// [2]定数を定義する場所
```

```
#define SPELL_COST   (3)      // [2-1]呪文の消費MPを定義する
#define MAP_WIDTH    (16)     // [2-2]マップの幅を定義する
#define MAP_HEIGHT   (16)     // [2-3]マップの高さを定義する
```

■フィールドで表示されるマスの種類

マスの種類	文字
海	~
平地	.
山	M
橋	#
王様の城	K
魔王の城	B

　マップの地形データの配列 map を宣言します。各マスの情報は、半角文字で記述します。

```
// [5]変数を宣言する場所
...

// [5-4]マップの地形データを宣言する
char map[MAP_MAX][MAP_HEIGHT][MAP_WIDTH + 1] =
{
    // [5-4-1]MAP_FIELD フィールド
    {
        "~~~~~~~~~~~~~~~~",
        "~~MMMMM~~MMMM.~~",
        "~M...M.##..M..~~",
        "~M.M.M.~~M.M.M.~",
        " M.M...~~M...M. ",
        "~M.MMMM~~MMMM..~",
        "~M..MM.~~~~~#~~~",
        "~~M.M.~~~~~~#~~~",
        "~~M.MM~~~~BMM..~",
        "~~...MM~~M.MMM.~~",
        "~...~~M~~M...M.~",
        "~..~~~K~MMM.M.~",
        "~..~~~.~~M..M.~",
        "~......~~M.MM..~",
        "~~..~~~~....~~",
        "~~~~~~~~~~~~~~~~~"
    },
};
```

　これでフィールドのデータができました。

フィールドを描画する

　それではフィールドを描画します。

　まず、第1章で作成した戦闘シーンが起動しないように、戦闘シーンの

関数 `Battle` の呼び出しを削除します。

```
// [6-6]プログラムの実行開始点を宣言する
int main()
{
    ...

    // [6-6-3]戦闘シーンの関数を呼び出す
    Battle(MONSTER_BOSS);
}
```

実行するとプログラムがすぐに終了してしまうので、メインループを追加します。

```
// [6-6]プログラムの実行開始点を宣言する
int main()
{
    ...

    // [6-6-3]メインループ
    while (1)
    {
    }
}
```

実行すると、プログラムが続行するようになります。

次に、プレイヤーが今どのマップにいるかを保持する変数 `currentMap` を宣言します。

```
// [5]変数を宣言する場所
...

int currentMap; // [5-5]現在のマップを宣言する
```

マップを描画する関数 `DrawMap` を宣言します。

```
// [6]関数を宣言する場所
...

// [6-5]マップを描画する処理を記述する関数を宣言する
void DrawMap()
{
}

...
```

マップを描画する関数 `DrawMap` を、`main()` 関数から呼び出します。

```
// [6-6-3]メインループ
while (1)
{
    // [6-6-4]マップを描画する関数を呼び出す
    DrawMap();
}
```

これで、ゲームが起動するとマップが描画されるようになります。

次に、マップを描画する関数 DrawMap で、マップのすべてのマスを反復します。

```
// [6-5]マップを描画する関数を宣言する
void DrawMap()
{
    // [6-5-2]描画するすべての行を反復する
    for (int y = 0; y < MAP_HEIGHT; y++)
    {
        // [6-5-3]描画するすべての列を反復する
        for (int x = 0; x < MAP_WIDTH; x++)
        {
        }
    }
}
```

それぞれのマスの文字によって分岐し、それぞれのアスキーアートを描画します。

```
// [6-5-3]描画するすべての列を反復する
for (int x = 0; x < MAP_WIDTH; x++)
{
    // [6-5-12]マスの種類によって分岐する
    switch (map[currentMap][y][x])
    {
    case '~':  printf("～");    break;  // [6-5-13]海
    case '.':  printf(". ");    break;  // [6-5-14]平地
    case 'M':  printf("M");     break;  // [6-5-15]山
    case '#':  printf("#");     break;  // [6-5-16]橋
    case 'K':  printf("王");    break;  // [6-5-17]王様の城
    case 'B':  printf("魔");    break;  // [6-5-18]魔王の城
    }
}
```

実行するとマスのアスキーアートが表示されますが、文字が大量に流れ続けてマップの表示が崩れてしまいます。

マップを描画する前に画面をクリアします。

```
// [6-5]マップを描画する関数を宣言する
void DrawMap()
```

```
{
    // [6-5-1]画面をクリアする
    system("cls");

    ...
}
```

実行するとアスキーアートが流れなくなりますが、連続で描画を繰り返すので画面がちらついてしまいます。そこで、マップの描画が終了したら、キーボードの入力待ち状態にします。

```
// [6-6-3]メインループ
while (1)
{
    ...

    // [6-6-7]入力されたキーで分岐する
    switch (_getch())
    {
    }
}
```

実行するとちらつきがやみますが、マップが正しく描画されません。マップの右端で改行しなければ、マップがずれてしまいます。

■マップが正しく描画されない

それでは、各行が描画しおわるごとに改行します。

```
// [6-5-2]描画するすべての行を反復する
for (int y = 0; y < MAP_HEIGHT; y++)
{
    ...

    // [6-5-25]1行描画するごとに改行する
    printf("\n");
}
```

実行すると、今度はマップが正しく描画されます。

■マップが正しく描画される

最後に、このあとに続く表示に備えて1行空けておきます。

```
// [6-5]マップを描画する関数を宣言する
void DrawMap()
{
    ...

    // [6-5-26]1行空ける
    printf("¥n");
}
```

これで、マップの描画ができました。

マップ上にプレイヤーを追加する

それでは、プレイヤーをフィールド画面に追加し、移動できるようにします。

マップ上にプレイヤーを描画する

まず、マップ上のプレイヤーの座標を保持する変数 `playerX`、`playerY` を宣言します。座標は、王様の城から1マス南の座標で初期化します。

```
// [5]変数を宣言する場所
...
```

```
int playerX = 6;      // [5-6]プレイヤーのX座標
int playerY = 12;     // [5-7]プレイヤーのY座標
```

　各マスの描画で、プレイヤーの座標とそれ以外とで処理を分岐させて、プレイヤーのいるマスにはプレイヤーのアスキーアートを描画します。

```
// [6-5-3]描画するすべての列を反復する
for (int x = 0; x < MAP_WIDTH; x++)
{
    // [6-5-4]対象の座標がプレイヤーの座標と等しいかどうかを判定する
    if ((x == playerX) && (y == playerY))
    {
        // [6-5-5]プレイヤーのアスキーアートを描画する
        printf("勇");
    }

    // [6-5-11]上記の状態以外であれば
    else
    {
        // [6-5-12]マスの種類によって分岐する
        switch (map[currentMap][y][x])
        {
        ...
        }
    }
}
```

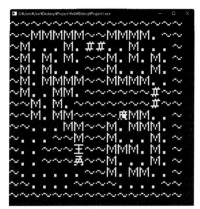

　実行すると、プレイヤーの座標にプレイヤーが表示されます。

■プレイヤーが表示される

プレイヤーをキーボード入力で操作する

　プレイヤーをⓌⓈⒶⒹキーで操作し、マップ内を移動できるようにします。マップ描画をしたあとのキーボード入力処理で、入力したキーによっ

て処理を分岐し、プレイヤーを操作します。

```
// [6-6-7]入力されたキーで分岐する
switch (_getch())
{
case 'w':    playerY--;  break;    // [6-6-8]wキーで上移動
case 's':    playerY++;  break;    // [6-6-9]sキーで下移動
case 'a':    playerX--;  break;    // [6-6-10]aキーで左移動
case 'd':    playerX++;  break;    // [6-6-11]dキーで右移動
}
```

実行すると、キーボード入力でプレイヤーを移動できるようになりますが、海も山も関係なしに移動できてしまいます。

■プレイヤーを操作できる

プレイヤーが侵入不可のマスに移動できないようにする

それでは、侵入不可のマスを決めて、そこには移動できないようにします。まず、移動のキャンセルができるように、変数 lastPlayerX、lastPlayerY に移動前の座標を保存しておきます。

```
// [6-6-3]メインループ
while (1)
{
    ...

    int lastPlayerX = playerX;// [6-6-5]プレイヤーの移動前のX座標を宣言する
    int lastPlayerY = playerY;// [6-6-6]プレイヤーの移動前のY座標を宣言する

    ...
}
```

移動できるのは平地と橋のみで、それ以外の地形は進入不可とします。平地か橋のマスと、それ以外のマスで処理を分岐させ、それ以外のマス

に移動した場合は移動前の座標 `lastPlayerX` 、`lastPlayerY` に戻して、移動をキャンセルします。

```
// [6-6-3]メインループ
while (1)
{
    ...

    // [6-6-48]移動先のマスの種類によって分岐させる
    switch (map[currentMap][playerY][playerX])
    {
    case '.':    // [6-6-49]平地
    case '#':    // [6-6-50]橋
        break;

    default:     // [6-6-53]上記以外のマス
        playerX = lastPlayerX;// [6-6-54]プレイヤーのX座標を移動前に戻す
        playerY = lastPlayerY;// [6-6-55]プレイヤーのY座標を移動前に戻す
        break;
    }
}
```

　実行すると、進入不可のマスに移動できなくなります。これでプレイヤーの移動処理ができました。

プレイヤーの移動に合わせて画面をスクロールする

　プレイヤーが常にマップの中心に表示されるように、プレイヤーの移動に合わせて画面をスクロールさせます。まず、スクロール画面の幅を `SCREEN_WIDTH` 、高さを `SCREEN_HEIGHT` として定義します。

```
// [2]定数を定義する場所
...
#define SCREEN_WIDTH    (16)    // [2-4]スクロール画面の幅を定義する
#define SCREEN_HEIGHT   (12)    // [2-5]スクロール画面の高さを定義する
```

　現状ではマップのすべてのマスを描画していますが、描画する範囲を、プレイヤーを中心としたスクロール画面の範囲内にします。

```
// [6-5-2]描画するすべての行を反復する
for (int y = 0; y < MAP_HEIGHT; y++)
for (int y = playerY - SCREEN_HEIGHT / 2; y < playerY + SCREEN_HEIGHT / 2; y++)
{
    // [6-5-3]描画するすべての列を反復する
    for (int x = 0; x < MAP_WIDTH; x++)
    for (int x = playerX - SCREEN_WIDTH / 2; x < playerX + SCREEN_WIDTH / 2; x++)
    {
```

```
        ...
    }
}
```

■マップの範囲外がバグる

実行すると、マップの描画がプレイヤーを中心としたスクロール画面になります。移動するとプレイヤーを中心に画面がスクロールしますが、マップの端に近付くとマップがずれたようになってしまいます。これは、マップの範囲外のマスを描画するときに、マップデータの範囲外を参照してしまうからです。

それでは、マップの範囲外のマスは、特別な処理で描画するようにします。まず、マップの各マスを描画するときに、マップデータの範囲外もしくは地形が設定されていないマスと、それ以外の通常のマスとで処理を分岐させます。

```
// [6-5-3]描画するすべての列を反復する
for (int x = playerX - SCREEN_WIDTH / 2; x < playerX + SCREEN_WIDTH / 2; x++)
{
    // [6-5-4]対象の座標がプレイヤーの座標と等しいかどうかを判定する
    if ((x == playerX) && (y == playerY))
    {
        ...
    }

    // [6-5-6]対象の座標がマップデータの範囲外かどうかを判定する
    else if ((x < 0) || (x >= MAP_WIDTH)       // X座標がマップの範囲外
        || (y < 0) || (y >= MAP_HEIGHT)        // Y座標がマップの範囲外
        || (map[currentMap][y][x] == '¥0'))    // 対象のマスが設定されていない
    {
    }

    // [6-5-11]上記の状態以外であれば
    else
    {
        ...
    }
}
```

マップの範囲外のマスにどの地形を描画するかはマップの種類によって異なるので、マップの種類によって処理を分岐させます。フィールドの場

合は、海のアスキーアート「～」を描画します。

```
// [6-5-6]対象の座標がマップデータの範囲外かどうかを判定する
else if (...))
{
    // [6-5-7]マップの種類によって分岐する
    switch (currentMap)
    {
    case MAP_FIELD: printf("～");    break;   // [6-5-8]フィールドの外は海
    }
}
```

実行すると、マップの範囲外のマスが海で埋まります。これで画面のスクロールができました。

■マップの範囲外が海になる

王様の城を実装する

ゲーム開始時のマップとして、王様の城を追加します。

王様の城のデータを追加する

まず、マップの種類として王様の城を追加します。

```
// [3-4]マップの種類を定義する
enum {
    MAP_FIELD,          // [3-4-1]フィールド
    MAP_KING_CASTLE,    // [3-4-2]王様の城
    MAP_MAX             // [3-4-4]マップの種類の数
};
```

■王様の城で表示されるマスの種類

マスの種類	文字
海	~
平地	.
壁	H
炎	W
燭台	Y
王様	0
姫	1

　マップの地形データ map の宣言で、王様のマップの地形データを追加します。

```
// [5-4]マップの地形データを宣言する
char map[MAP_MAX][MAP_HEIGHT][MAP_WIDTH + 1] =
{
    ...

    // [5-4-2]MAP_KING_CASTLE    王様の城
    {
        "HHH.......HHH",
        "H.H.......H.H",
        "HHHHHHHHHHHH",
        ".H.........H.",
        ".H.HHH.HHH.H.",
        ".H.H0H.H1H.H.",
        ".H.........H.",
        ".HW.......WH.",
        ".HY.......YH.",
        "HHHHHH.HHHHHH",
        "H.H~~#~~H.H",
        "HHH~~#~~HHH",
        ".............."
    },
};
```

　これで、王様の城のデータが追加できました。

プレイヤーの初期位置を設定する

　ゲームを開始したら、マップが王様の城に切り替わり、王様の前から開始するようにします。ゲームを初期化する処理で、マップを王様の城、プレイヤーの座標を王様の目の前に設定します。

```
// [6-1]ゲームを初期化する関数を宣言する
void Init()
{
    ...
```



```
// [6-1-2]現在のマップを初期化する
currentMap = MAP_KING_CASTLE;

playerX = 4;    // [6-1-3]プレイヤーのX座標を初期化する
playerY = 6;    // [6-1-4]プレイヤーのY座標を初期化する
}
```

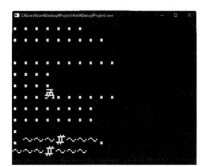

実行すると王様の城から開始しますが、マップが正しく描画されません。これは、王様の城で初めて出てきた種類のマスの描画方法が設定されていないからです。

■王様の城の描画がバグってしまう

王様の城を描画する

それでは、王様の城で追加されたマスの描画処理を追加します。

```
// [6-5-12]マスの種類によって分岐する
switch (map[currentMap][y][x])
{
...
case 'H':    printf("□");    break;    // [6-5-19]壁
case 'W':    printf("炎");    break;    // [6-5-20]炎
case 'Y':    printf("Y");    break;    // [6-5-21]燭台
case '0':    printf("王");    break;    // [6-5-22]王
case '1':    printf("姫");    break;    // [6-5-23]姫
}
```

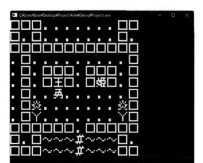

実行すると、スクロール画面が小さくなってしまったようになります。これは、マップの範囲外の描画方法が設定されていないからです。

王様の城の範囲外には、平地を描画するようにします。

■画面がずれてしまう

王道RPG 完全版

戦闘シーンにフィールドシーンを追加して、完全なRPGに仕上げよう!

Appendix 2

```
// [6-5-7]マップの種類によって分岐する
switch (currentMap)
{
case MAP_FIELD:         printf("~");   break;  // [6-5-8]フィールドの外は海
case MAP_KING_CASTLE:   printf(". ");  break;  // [6-5-9]王様の城の外は平地
}
```

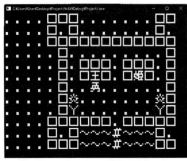

実行すると、王様の城が正常に描画されます。しかし、外に出ることができません。

■マップの範囲外に平地が描画される

王様の城からフィールドに出る

それでは、王様の城からフィールドに出られるようにします。プレイヤーの移動先のマスが、マップの範囲外か、設定されていないマスであるかどうかを判定します。

```
// [6-6-3]メインループ
while (1)
{
    ...

    // [6-6-12]マップの外に出たかどうかを判定する
    if ((playerX < 0) || (playerX >= MAP_WIDTH)         // X座標がマップの範囲外
        || (playerY < 0) || (playerY >= MAP_HEIGHT)     // Y座標がマップの範囲外
        || (map[currentMap][playerY][playerX] == '¥0')) // 未設定のマス
    {
    }

    ...
}
```

マップから出たらどこに移動するかは、どのマップから出たかによって異なるので、現在のマップの種類によって処理を分岐させます。

```
// [6-6-12]マップの外に出たかどうかを判定する
if (...)
{
```

```
// [6-6-13]現在のマップによって分岐する
switch (currentMap)
{
case MAP_KING_CASTLE:    // [6-6-14]王様の城
    break;
}
}
```

　王様の城から出た場合はフィールドマップに切り替えて、王様の城から1マス南のマスに設定します。

```
// [6-6-13]現在のマップによって分岐する
switch (currentMap)
{
case MAP_KING_CASTLE:    // [6-6-14]王様の城

    // [6-6-15]フィールドマップに切り替える
    currentMap = MAP_FIELD;

    playerX = 6;        // [6-6-16]プレイヤーのX座標を設定する
    playerY = 12;       // [6-6-17]プレイヤーのY座標を設定する

    break;
}
```

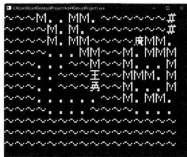

　実行して王様の城から出ると、フィールドに出ます。しかし、フィールドから王様の城に入ることはできません。

■王様の城からフィールドに出る

フィールドから王様の城に入る

　それでは、フィールドから王様の城に入れるようにします。プレイヤーが移動しようとしているマスが、王様の城かどうかを判定します。

```
// [6-6-3]メインループ
while (1)
{
    ...
```

```
// [6-6-22]移動先のマスの種類によって分岐させる
switch (map[currentMap][playerY][playerX])
{
case 'K':    // [6-6-23]王様の城
    break;
}

...
}
```

　移動先が王様の城であれば、マップを王様の城に切り替えて、プレイヤーの座標を王様の城の入口にします。

```
// [6-6-22]移動先のマスの種類によって分岐させる
switch (map[currentMap][playerY][playerX])
{
case 'K':    // [6-6-23]王様の城

    // [6-6-24]王様の城にマップを切り替える
    currentMap = MAP_KING_CASTLE;

    playerX = 6;     // [6-6-25]プレイヤーのX座標を設定する
    playerY = 12;    // [6-6-26]プレイヤーのY座標を設定する

    break;
}
```

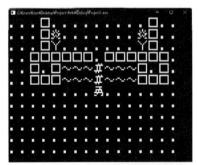

■フィールドから王様の城に入る

　実行すると、フィールドから王様の城に入れるようになります。

人物との会話イベントを実装する

　それでは、人物に体当たりしたら会話イベントが発生するようにします。

王様との会話イベントを実装する

　王様と話したら王様の会話メッセージを表示して、キーボード入力待ち状態にします。

```
// [6-6-22]移動先のマスの種類によって分岐させる
switch (map[currentMap][playerY][playerX])
{
...

case '0':    // [6-6-31]王様

    // [6-6-32]王様の会話メッセージを表示する
    printf("＊「おお　ゆうしゃよ！¥n"
        "ひがしの　まじょうの　まおうを¥n"
        "たおし　せかいを　すくってくれ！¥n"
    );

    _getch();// [6-6-33]キーボード入力待ち状態にする

    break;
}
```

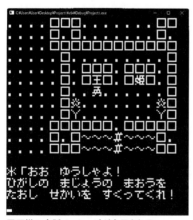

　実行して王様に話しかけると、会話メッセージが表示されます。

■王様の会話メッセージが表示される

姫との会話イベントを実装する

　姫も同様に、話しかけたら会話メッセージを表示します。

```
// [6-6-22]移動先のマスの種類によって分岐させる
switch (map[currentMap][playerY][playerX])
{
...
```

```
case '1':    // [6-6-34]姫

    // [6-6-35]姫の会話メッセージを表示する
    printf("＊「かみに　いのりを　ささげます。¥n"
        "おお　かみよ！¥n"
        "ゆうしゃさまに　しゅくふくを！¥n"
    );

    // [6-6-36]キーボード入力待ち状態にする
    _getch();

    break;
}
```

■姫の会話メッセージが表示される

実行して姫に話しかけると、会話メッセージが表示されます。これで王様の城ができました。

魔王の城を実装する

それでは、ラスボスの魔王がいる城を実装します。

魔王の城のデータを追加する

まず、マップの種類として魔王の城を追加します。

```
// [3-4]マップの種類を定義する
enum {
    ...
    MAP_BOSS_CASTLE,    // [3-4-3]魔王の城
    MAP_MAX             // [3-4-4]マップの種類の数
};
```

マップの地形データ map の宣言で、魔王の城のマップデータを追加します。マスの文字「 2 」は魔王です。

```
// [5-4]マップの地形データを宣言する
char map[MAP_MAX][MAP_HEIGHT][MAP_WIDTH + 1] =
{
    ...

    // [5-4-3]MAP_BOSS_CASTLE    魔王の城
    {
        "HHH.......HHH",
        "H.H.......H.H",
        "HHHHHHHHHHHHH",
        ".H....H....H.",
        ".H..WHHHW..H.",
        ".H..YH2HY..H.",
        ".H.........H.",
        ".H..W...W..H.",
        ".H..Y...Y..H.",
        ".H.........H.",
        "HHHHH.HHHHHH",
        "H.H~~#~~~H.H",
        "HHH~~#~~~HHH",
        "~~~~~#~~~~~",
        "~~~~~#~~~~~",
        "............."
    }
};
```

これで、魔王のマップデータができました。

魔王の城に入れるようにする

プレイヤーの移動先のマスが魔王の城であれば、マップを魔王の城に切り替えて、プレイヤーの座標を城の入口に設定します。

```
// [6-6-22]移動先のマスの種類によって分岐させる
switch (map[currentMap][playerY][playerX])
{
...

case 'B':    // [6-6-27]魔王の城

    // [6-6-28]魔王の城にマップを切り替える
    currentMap = MAP_BOSS_CASTLE;

    playerX = 6;     // [6-6-29]プレイヤーのX座標を設定する
    playerY = 15;    // [6-6-30]プレイヤーのY座標を設定する

    break;
```

```
...
}
```

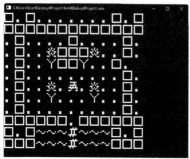

■魔王が表示されず画面がずれる

実行すると魔王の城に入れますが、魔王がおらず、スクロール画面がずれたようになってしまいます。これは、魔王が描画されないのと、マップの範囲外のマスが描画されないからです。

魔王の城を描画する

魔王のいるマスには、魔王のアスキーアートを描画します。

```
// [6-5-12]マスの種類によって分岐する
switch (map[currentMap][y][x])
{
...
case '2':   printf("魔");   break;  // [6-5-21]魔王
}
```

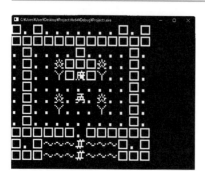

■魔王が表示される

実行すると、奥の玉座に魔王が描画されます。

次に、魔王の城の範囲外は平地として描画します。

```
// [6-5-7]マップの種類によって分岐する
switch (currentMap)
{
```

```
...
case MAP_BOSS_CASTLE:    printf(". ");    break;    // [6-5-10]魔王の城の外は平地
}
```

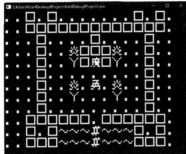

■マップの範囲外に平地が描画される

実行すると、魔王の城の外が平地で埋まり、正常に描画されます。しかし魔王の城から外に出られません。これは魔王の罠ではありません。魔王の城から出たときの処理が実装されていないバグです。

魔王の城からフィールドに出る

　それではプレイヤーが魔王の城から外に出たら、マップをフィールドに切り替え、プレイヤーの座標を魔王の城から1マス南に設定します。

```
// [6-6-13]現在のマップによって分岐する
switch (currentMap)
{
...

case MAP_BOSS_CASTLE:    // [6-6-18]魔王の城

    // [6-6-19]フィールドマップに切り替える
    currentMap = MAP_FIELD;

    playerX = 10;    // [6-6-20]プレイヤーのX座標を設定する
    playerY = 9;     // [6-6-21]プレイヤーのY座標を設定する

    break;
}
```

実行すると、魔王の城からフィールドに出られるようになります。

■魔王の城からフィールドに出る

魔王との会話イベントを実装する

魔王と話したら、会話メッセージを表示してキーボード入力待ち状態にします。

```
// [6-6-22]移動先のマスの種類によって分岐させる
switch (map[currentMap][playerY][playerX])
{
...

case '2':    // [6-6-39]魔王

    // [6-6-40]魔王の会話メッセージを表示する
    printf("＊「おろかな　にんげんよ！¥n"
        "わが　やぼうを　はばむものは¥n"
        "このよから　けしさってくれる！¥n"
    );

    // [6-6-41]キーボード入力待ち状態にする
    _getch();

    break;
}
```

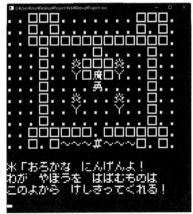

■魔王の会話メッセージが表示される

実行して魔王に話しかけると、メッセージが表示されます。これで魔王の城ができました。

戦闘を発生させる

それでは、第1章で作成した戦闘シーンを組み込んでいきます。

フィールドで雑魚モンスターと遭遇する

まず、フィールドの平原か橋のマスに移動したら、1/16の確率でスライムとの戦闘を発生させます。

```
// [6-6-48]移動先のマスの種類によって分岐させる
switch (map[currentMap][playerY][playerX])
{
case '.':    // [6-6-49]平地
case '#':    // [6-6-50]橋

    // [6-6-51]敵と遭遇したかどうかを判定する
    if ((currentMap == MAP_FIELD) && (rand() % 16 == 0))
    {
        // [6-6-52]雑魚モンスターとの戦闘を発生させる
        Battle(MONSTER_SLIME);
    }

    break;

...
}
```

■ フィールドでモンスターと遭遇する

実行してフィールドを歩き回ると、ランダムでスライムと戦闘になります。戦闘で勝っても負けても、もとのフィールドシーンに戻ります。

姫にステータスを回復してもらう

　戦闘でHPやMPが減ってしまった場合の回復手段が必要です。このゲームには町や宿屋が登場しないので、姫と話したらHPとMPを回復してくれることにします。その前に、フィールドシーンでもステータスを確認できるように、マップの下にプレイヤーのステータスを表示します。

　マップの描画が終わったら、プレイヤーの名前とステータスを描画します。そのあとのメッセージの表示に備えて、1行空けておきます。

```
// [6-5]マップを描画する関数を宣言する
void DrawMap()
{
    ...

    // [6-5-27]プレイヤーの名前を表示する
    printf("%s\n", characters[CHARACTER_PLAYER].name);

    // [6-5-28]プレイヤーのステータスを表示する
    printf("ＨＰ：%d／%d　ＭＰ：%d／%d\n",
        characters[CHARACTER_PLAYER].hp,
        characters[CHARACTER_PLAYER].maxHp,
        characters[CHARACTER_PLAYER].mp,
        characters[CHARACTER_PLAYER].maxMp);

    // [6-5-29]1行空ける
    printf("\n");

    ...
}
```

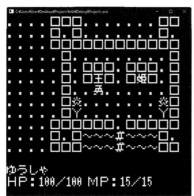

実行すると、マップの下にプレイヤーの名前とステータスが表示されます。

■プレイヤーのステータスが表示される

姫との会話が終わったら、プレイヤーのHPとMPを最大値に設定します。

```
// [6-6-22]移動先のマスの種類によって分岐させる
switch (map[currentMap][playerY][playerX])
{
...

ccase '1':  // [6-6-34]姫

    ...

    // [6-6-37]プレイヤーのHPを回復させる
    characters[CHARACTER_PLAYER].hp = characters[CHARACTER_PLAYER].maxHp;

    // [6-6-38]プレイヤーのMPを回復させる
    characters[CHARACTER_PLAYER].mp = characters[CHARACTER_PLAYER].maxMp;

    break;

...
}
```

王道RPG 完全版

戦闘シーンにフィールドシーンを追加して、完全なRPGに仕上げよう！

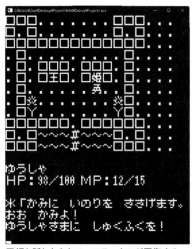

■姫と話したあとで、ステータスが回復する

実行して、HP と MP を減らしてから姫に話しかけると、会話終了後に HP と MP が回復します。

魔王とのイベント戦闘を発生させる

それでは、魔王と話したら魔王との戦闘を開始します。

```
// [6-6-22]移動先のマスの種類によって分岐させる
switch (map[currentMap][playerY][playerX])
{
...

case '2':  // [6-6-39]魔王
    ...

    // [6-6-42]魔王との戦闘を発生させる
    Battle(MONSTER_BOSS);

    break;
}
```

■魔王と話したあとで、戦闘になる

実行して魔王に話しかけると、魔王との戦闘を開始します。しかし、戦闘が終わると勝っても負けてもフィールドシーンに戻って、何も起こりません。

プレイヤーが死んだら王様のところに戻される

戦闘でプレイヤーが負けたら、王様のところに戻されるようにします。

戦闘のあとで、プレイヤーのHPが 0 以下になったかどうかで、プレイヤーが負けたかどうかを判定します。

```
// [6-6-3]メインループ
while (1)
{
    ...

    // [6-6-56]プレイヤーが死んだかどうかを判定する
    if (characters[CHARACTER_PLAYER].hp <= 0)
    {
    }
}
```

プレイヤーが死んだらゲームを初期化し、画面を更新します。

```
// [6-6-56]プレイヤーが死んだかどうかを判定する
if (characters[CHARACTER_PLAYER].hp <= 0)
{
    // [6-6-57]ゲームを初期化する関数を呼び出す
    Init();

    // [6-6-58]画面を再描画する
    DrawMap();
}
```

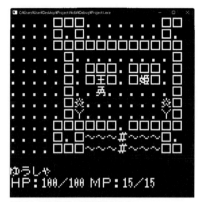

実行してプレイヤーが死ぬと王様のところに戻されますが、王様が何も言わないのは不自然です。

■死んだら王様の所に戻される

それでは死んで王様のところに戻されたら、王様の会話メッセージを表示して、キーボード入力待ち状態にします。

367

```
// [6-6-56]プレイヤーが死んだかどうかを判定する
if (characters[CHARACTER_PLAYER].hp <= 0)
{
    ...

    // [6-6-59]王様のメッセージを表示する
    printf("＊「おお　ゆうしゃよ！¥n"
        "かみが　そなたを　すくわれた！¥n"
        "ゆうしゃに　えいこう　あれ！¥n");

    // [6-6-60]キーボードの入力待ち状態にする
    _getch();
}
```

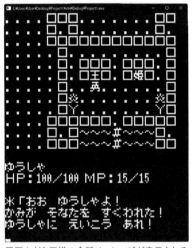

実行してプレイヤーが死ぬと、今度は王様の会話メッセージが表示されます。これでプレイヤーが死んだときの処理ができました。

■死んだら王様の会話メッセージが表示される

エンディングを実装する

最後に、魔王を倒したらエンディングにします。魔王との戦闘のあとで、魔王のHPが 0 以下かどうかで、魔王に勝利したかどうかを判定します。

```
// [6-6-22]移動先のマスの種類によって分岐させる
switch (map[currentMap][playerY][playerX])
{
...

case '2':    // [6-6-39]魔王
    ...
```

```
    // [6-6-43]魔王が死んだかどうかを判定する
    if (characters[CHARACTER_MONSTER].hp <= 0)
    {
    }

    break;
}
```

　魔王に勝ったら、画面をクリアし、エンディングのメッセージを表示し、キーボード入力待ち状態にします。

```
// [6-6-43]魔王が死んだかどうかを判定する
if (characters[CHARACTER_MONSTER].hp <= 0)
{
    // [6-6-44]画面をクリアする
    system("cls");

    // [6-6-45]エンディングのメッセージを表示する
    printf(" まおうは ほろび せかいは¥n"
        "めつぼうのききから すくわれた！¥n"
        "¥n"
        " おうは ふれをだし ゆうしゃを¥n"
        "さがしもとめたが、だれも¥n"
        "みたものは いなかったという…¥n"
        "¥n"
        "¥n"
        "        Ｔ Ｈ Ｅ   Ｅ Ｎ Ｄ");

    // [6-6-46]キーボード入力待ち状態にする
    _getch();
}
```

　実行して魔王に勝利すると、エンディングになりますが、エンディングが終わると、魔王との戦闘前の状態に戻ってしまいます。そこで、エンディングが終わったらプログラムを終了するようにします。それではエンディング中にキーボードを押したら、main() 関数を抜けます。

```
// [6-6-43]魔王が死んだかどうかを判定する
if (characters[CHARACTER_MONSTER].hp <= 0)
{
    ...

    // [6-6-47]ゲームを終了する
    return 0;
}
```

■エンディングのメッセージが表示される

　実行してエンディングを終了すると、プログラムも終了します。

　おめでとうございます！ 王道RPG完全版が完成しました。最低限の実装でしたが、ここまでの手法を応用すれば、町や町人、ダンジョンなどを追加し、本格的なRPGにすることも可能でしょう。

索引

さ行

■執筆者プロフィール

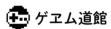 ゲヱム道館

YouTube、ニコニコ動画にて、ゲームプログラミング
を実況しながらライブコーディングする動画、生放送
を配信中です。動画シリーズ「小一時間で作ってみた」
では、ゲームの作成から、プレイしてクリアするまで
を一発撮りしています。

URL
https://www.youtube.com/gamedokan

Twitter
https://twitter.com/gamedokan

メールアドレス
gamedokan@me.com

- カバー・本文デザイン ……… 西岡 裕二
- レイアウト ………………… 酒徳 葉子
- 編集アシスタント ………… 北川 香織
- 編集 …………………………… 池田 大樹

WEB+DB PRESS plus シリーズ
小一時間でゲームをつくる
7つの定番ゲームのプログラミングを体験

2022年5月 3日　初版　第1刷発行
2022年9月13日　初版　第2刷発行

- 著者 ………………………… ゲヱム道館
- 発行者 ……………………… 片岡 巌
- 発行所 ……………………… 株式会社技術評論社
　　　　　　　　　　　　　東京都新宿区市谷左内町 21-13
　　　　　　　　　　　　　電話　03-3513-6150　販売促進部
　　　　　　　　　　　　　　　　03-3513-6175　雑誌編集部
- 印刷／製本 ………………… 日経印刷株式会社

- お問い合わせ

本書に関するご質問は記載内容についてのみとさせていただきます。本書の内容以外のご質問には一切応じられませんので、あらかじめご了承ください。
なお、お電話でのご質問は受け付けておりませんので、書面または弊社 Web サイトのお問い合わせフォームをご利用ください。

〒162-0846
東京都新宿区市谷左内町 21-13
株式会社技術評論社
『小一時間でゲームをつくる』係
URL https://gihyo.jp/（技術評論社 Web サイト）

ご質問の際に記載いただいた個人情報は回答以外の目的に使用することはありません。使用後は速やかに個人情報を廃棄します。